"十三五"高等职业教育规划教材

自控力与职业素养

张平安　编著

中国铁道出版社
CHINA RAILWAY PUBLISHING HOUSE

内 容 简 介

"自控力"是美国斯坦福大学继续教育学院最受欢迎的心理课程,本书以该课程的理论成果为基础,结合学习者日常生活、学习或工作中碰到的各种职业素养问题,用丰富生动的学习案例帮助学习者从心理以及行动两个方面自发地调动起正能量,重新认知自己身边的环境,给予学习者更美好的生活态度和坚守社会公德的职业底线的意志,实现培养自身良好的个人职业素养的目标。

本书的主要内容包括科学认识自控力,重新理解和认识意志力科学,掌握情绪的感知方法与舒缓措施,了解环境对个体的影响,学会控制欲望,掌握压力下工作与生活的基本规律,学会事先做计划,能较快地融入一个团队开展工作与活动,善用感染力,学会选择,懂得放弃,树立科学的健康观念,建立正确的幸福感。

本书既可作为高职院校学生职业核心能力培养的教材,也可作为社会学习者提高自身修养的自学指导书。

图书在版编目(CIP)数据

自控力与职业素养 / 张平安编著 . —北京:中国
铁道出版社,2017.1
"十三五"高等职业教育规划教材
ISBN 978-7-113-22727-2

Ⅰ . ①自… Ⅱ . ①张… Ⅲ . ①自我控制—高等职业
教育—教材②职业道德—高等职业教育—教材 Ⅳ .
① B842.6 ② B822.9

中国版本图书馆 CIP 数据核字(2016)第 317701 号

书　　名:自控力与职业素养
作　　者:张平安　编著

策　　划:翟玉峰		读者热线:(010) 63550836	
责任编辑:翟玉峰　冯彩茹			
封面设计:刘　颖			
封面制作:白　雪			
责任校对:汤淑梅			
责任印制:郭向伟			

出版发行:中国铁道出版社(100054,北京市西城区右安门西街 8 号)
网　　址:http:// www.51eds.com
印　　刷:中煤(北京)印务有限公司
版　　次:2017 年 1 月第 1 版　　　　2017 年 1 月第 1 次印刷
开　　本:787 mm×1 092 mm　1/16　印张:10.75　字数:206 千
印　　数:1 ~ 2 000 册
书　　号:ISBN 978-7-113-22727-2
定　　价:28.00 元

前 言

"自控力"是美国斯坦福大学继续教育学院最受欢迎的心理课程，它汇集了心理学、经济学、神经学、医学领域关于自我控制的最新研究成果，告诉人们如何改变旧习惯，培养健康的新习惯，克服拖延，科学管控压力与情绪。与大多数涉及改变行为的书不同的是，该课程会先让个体弄清楚自己如何失控，为何失控，这将有效帮助个人避开意志力失效的陷阱，从而实现改变行为的目标。

本书以自控力的理论成果为基础，结合学习者日常生活、学习或工作中碰到的各种职业素养问题，用丰富生动的学习案例帮助学习者从心理以及行动两个方面自发地调动起正能量，重新认知自己身边的环境，给予学习者更美好的生活态度和坚守社会公德的职业底线的意志，实现培养自身良好的个人职业素养的目标。

本书的主要内容包括科学认识自控力，重新理解和认识意志力科学，掌握情绪的感知方法与舒缓措施，了解环境对个体的影响，学会控制欲望，掌握压力下工作与生活的基本规律，学会事先做计划，能较快地融入一个团队开展工作与活动，善用感染力，学会选择，懂得放弃，树立科学的健康观念，建立正确的幸福感。

本书具有以下特点：

（1）以自控力作为切入点，以培养学生的职业素养，配套有课件、视频等资源。

（2）案例驱动，采用丰富的教学案例，实施理论与实践相结合的学习模式。

（3）按照情境导入、基本知识介绍、典型案例、课堂实验和课余训练五个环节开展教学。

在教学过程中，总结多年的教学经验，使用本书做教材可实施如下有效的教学策略：一是用丰富、生动鲜活的案例，用视频或故事的形式呈现给学习者，给学习者留下强烈的印象感；二是要强化与学生的交流过程。常用的交流形式是现场讨论，但考虑到本课程的内容会涉及个人私密的内容，所以，有效的方式是让学生写在纸上，或者对学生进行问卷调查，教师在课后批阅学生的课堂作业，真实了解学生的心理状况，在后续的课堂上有针对性地对学生开展诱导或者指明解决问题的途径与方式；三是督促学生坚持课余训练，实现边学边实践，从而有效地帮助学生建立好的习惯。

本书建议教学课时为 36 学时，具体来说，第 1 ～ 13 章内容每章 2 学时，第 14 章有 5 个经典案例，可根据本书前面所学知识，每个案例用 2 学时，采用分组讨论，集中汇报的方式，充分让学习者结合自身的情况，独立思考并探索建立自己的职业素养解决方案。

本书由深圳信息职业技术学院张平安教授编著。在编写过程中，刘远东、叶建锋、高维春、庄建忠、霍红颖和曹莉老师提出了宝贵的建议；来自企业一线的专家刘保中、曾文著、高立志、韩华和魏秀美提供了有价值的素材；此外，还得到了学生白东华、林豪、吴宝城的支持与帮助。在此一并表示衷心的感谢！

为方便读者学习与教学，欢迎读者用电子邮箱：zhangpa@sziit.edu.cn 方式索取本书的教学资源。

编　者

2016 年 11 月

Contents

目 录

第一章 | 认识自控力

第一节　情 境 导 入

人的一生会出现很多问题，这些问题可能会让人产生巨大的厌烦感和痛苦，但是，这些问题又不得不去面对。受到困扰，然后痛苦，这是情理之中的事，但关键是：是选择在痛苦的情绪里不能自拔，还是选择一个更好的方式去解决这些问题？

如果选择的是后者，就来看看都有哪些问题困扰着我们。

困 扰 问 题

问题类型	问题分析
学习问题	记忆、实际运用的问题，也就是学得好不好，懂不懂得用。这样的问题会困扰学生群体
感情问题	由于感情与婚姻受挫引发的心理困扰越来越多。失恋会引起很痛苦的情绪体验，会加重不良的心理状态，因而产生心理困扰，出现一系列的不理性行为
工作问题	很多人长期处于高度紧张的状态，若没有很好的缓解工作压力的方式，久而久之便会产生焦虑、抑郁等不良情绪，严重时可能产生心理困扰与心理疾病
适应问题	没有一个准确的角色定位，纠结于社会的不公平现象，却又无能为力；因信仰的苍白而产生失落感、无归属感；因个人技能与现代化的差距而焦急、无奈等
生活压力问题	经济能力的不足导致的各种吃穿住行方面的生活压力，有些人甚至无法支撑自己的正常活动

当我们遇到这些问题时该怎么办呢？无论是怎样的问题，都可以换一个角度去思考一下，重新审视这些困扰你的事。这些事情真的足以阻碍你的前进和发展吗？你的人生只能一次又一次地陷在这些痛苦里吗？

为什么会这样呢？这和我们的自控力有十分紧密的关系。自我控制是人区别于动物的一个重要标志，也是我们毕生都在不断失败又不断努力的过程。工作中自控力的失败，特别是当你具有一定的职位和影响力后，自控力很差的话，后果就要麻烦得多。

第二节　自控力概述

自控力即自我控制的能力，指对一个人自身的冲动、感情、欲望施加的正确控制。广义的自控力是指对自己的周围事件、对自己的现在和未来的控制感，它决定你能否支配自己的成功，能否支配你的人际关系，能否支配你的人生走向。

在我们成长的过程中，自控力逐渐形成，尤其在社会道德方面，我们给予了自己最严厉的控制，但仍要守住法律的底线，不去进行攻击性的行为（在自我权益不受破坏的前提下）。因为成人在成长的过程中接受了很多关于外界的信息灌输，这逐渐形成了多数人对自我的控制力，自控的准则包括法律本身的束缚、社会道德的教育、人际关系的维系等。

自控力是一个人成熟度的体现。没有自控力，就没有好的习惯，没有好的习惯，就没有好的人生。最易干成大事的是那些能掌控自己的人。我们很多人需要控制的是一种思维、一种情绪、一种心理，从而保持一种合理的健康的心态。

有效地发现杂念，是专注力提升的第一步

现在有很多问题，如抑郁、焦虑等，都是折磨现代人的大问题。这说明我们无法控制自己的负面情绪，经常产生痛苦的想法，觉得自己的生活乱了，觉得无法再掌控自己的人生。这样的问题，几乎无一例外都和控制力有关。自我控制力本质上是以自我为中心的思维方式，而任何心理问题和生理疾病都会导致人们以自我为中心的思维方式的产生，所以，心理问题不可避免地和自我控制力的缺乏联系起来。

TalentSmart 已经对逾 100 万人进行了测试，结果显示，表现最佳的高层管理人员都是些高情商的人（确切地说，占到高效人士的 90%）。情商的特点就是自我控制——这是一种通过让你集中注意力并走上正轨而释放巨大工作效率的技巧。

你的情商有多高？

遗憾的是，自我控制是一种很难掌握的技巧。对于大多数人而言，自我控制只是转瞬即逝，所以，当宾夕法尼亚大学（University of Pennsylvania）的马丁·塞利格曼（Martin Seligman）及其同事对 200 万人进行调查，并要求他们根据 24 种不同的技巧对自己的优势进行排名时，自控力最终排名垫底。

当你的自控力还有待提高时，你的工作效率亦是如此。

自控力是有助于实现一个目标而付出的努力。连自己都无法控制，那本身就是一种失败。为了甩掉几斤肉，晚餐结束后你尽量避免吃薯条——周一和周二晚上都成功做到了，不料却在周三抵不住诱惑，吃掉四份高热量、无营养的食物，那么你的失败就大过成功。你总是走两步，退四步。

让高情商的人保持高效和自控的法则如下：

（1）宽恕自己

在感受到强烈的自责和厌恶之后，人往往会进入一个无法自我控制的恶性循环，这种情况在试图实现自控的过程中颇为常见。这些情绪通常会导致过度沉迷于攻击性的行为。一旦松懈，务必宽恕自己，然后继续前行。不要沉浸其中，相反，将注意力转移至在未来如何提升自己。

失败会侵蚀人的自信，并让人难以相信自己在将来会取得更好的结果。大多时候，失败是因为冒险尝试不是那么轻而易举的事情而导致的。高情商的人深知，成功来源于从失败中爬起来的能力，如果活在过去，就做不到这一点。任何值得追寻的目标都需要冒点风险，而绝不能让失败阻止你相信自己取得成功的能力。如果活在过去，情况就会是这样——你的过去变成了你的现在，阻挡了你前进的步伐。

（2）不说勉强的"Yes"

在加利福尼亚大学旧金山分校（University of California in San Francisco）展开的一项调查显示，人越难说"不"，那么他经受压力、倦怠和甚至绝望的可能性就越高，而这一切都将削弱你的自控能力。事实上，说"不"对于很多想要保持自我控制的人而言都是一个巨大的挑战。"不"是一个强有力的字眼，我们不要害怕去运用它。向一个新的承诺说"不"就是对自己已经做出的承诺的肯定，并让自己有机会成功实现它们。只需要提醒自己，说"不"是当下自我控制的一种行为，通过防止过度承诺的负面影响，它能提高自己今后的自控能力。

（3）不求完美

高情商的人不会将完美设为目标，因为他们知道，完美根本不存在。从我们的本性来看，人类是很容易犯错的。如果完美是一个人的目标，那么他总会有一种失败的感觉，并且挥之不去，它会让人们放弃或者减少努力。结果，人们终日为自己未能实现的目标和本应该产生的不同结果郁郁寡欢，而不是勇往直前。

（4）专注于解决方案

一个人所关注的点决定了他的情绪状态。当他专注于自己正面临的问题时，他会制造和延长阻碍自我控制的负面情绪。如果他着眼于提升自己和改变境况的行动上，那么他将营造一种会产生正面情绪和提高效率的个人效能感。高情商的人不会纠缠在问题上，因为他们知道，在专注于解决方案的时候，他们的工作效率是最高的。

（5）不问"如果……会怎样？"

"如果……将会怎样？"的语句会给压力和忧虑火上浇油，不利于自我控制。事情可能朝着100万个不同的方向发展，人们花在担心各种可能性上的时间越多，他用来采取行动和保持高效的时间就越少（保持高效恰好可以让你冷静下来，并让你集中注意力）。高效人士深知，提出"如果……会怎样"的问题只会令他们处于不利的境地。当然，情境规划是一项必要且有效的战略规划技术。这里，关键在于认识到忧虑和战略思维的区别。

那么，应该如何提升自我的控制力？

首先，不要有压迫自己的感觉，试着在生活中找一些自己做起来感觉舒服的事，比如偶尔的"放纵"。这样的要求是否和我们之前说的内容矛盾呢？当然不！

我们都知道一个道理，拉得很紧的线会因为受力过大而断掉，无论它是多么结实耐用。从心理学的角度来看，我们的情绪和心理是需要一个缓冲空间的，当你想要做一种调整和转变的时候，应该一步一步慢慢转化。自控力本身并不意味着你一定要强迫自己做一个"完美"的人，更不是说不能犯错，"自控力"只是一种相对的概念。它告诉你，在大多数情况下，你可以怎样做，然后做到更好而不会后悔；它告诉你，你做一件事情需要一个计划，而不是漫无目的，导致最终毫无成就；它告诉你，在某件事情的过程中，理性成分和感性成分根据什么样的比例分配最为合适。这是一种"调控"，而非一种"强控"。

然后，我们可以让自己做一些难度不是很大的事情。

不是每个目标都必须订立到"我要做 CEO"这样的难度，自我控制是一种过程，这种过程的坚持充满了痛苦，我们之所以能够战胜这种痛苦，是基于一种自信——你看见了自己的成果，你享受到了相应的愉悦和成就感。这样，就能够建立一种良性的循环。当你在挫折中看不到希望和未来，那么，你在痛苦和失望中必定会走向恶性循环——我改变不了任何事实，我的努力没有用处，我一定达不到自己的目标，我成就不了任何事情，我的人生是我无法掌控的，所以，我更加痛苦……

所以，我们要做的其实没有那么难，自控力的培养贵在一种坚持和信任。只要你下定这个决心去做了，你能够得到的势必不会让你失望。

"兴趣是最好的老师"这句话似乎成了千古真理，在我们之间广为流传。其实，兴趣只是一粒种子，发不发芽，结不结果，不是兴趣说了算，如果把这句话过度解读，就会成为孩子不上进不努力的借口。兴趣固然重要，但是比兴趣更重要的，是"毅力"。如果有毅力，兴趣其实是可以建立的。而没有毅力，就算孩子开始有兴趣，遇到困难后也会失掉兴趣的。必须要承认，毅力和智力一样不免有天生的成分。从古代开始，人类就知道"勤能补拙，笨鸟先飞"，毅力也一样。

人体大脑中产生的一种叫多巴胺的神经传导物质对我们自控力的影响巨大，我们工作中主要应对的是多巴胺释放过度的人，他们表面强悍，内心脆弱，他们需要我们反抗、对峙、理解和关爱。所以，在日常的工作和生活中，我们要试着换位思考，试着将心比心，把握好自己的自控力。

第三节　自控力案例

20 世纪 70 年代，在 WalterMischel 的策划组织下，美国斯坦福大学附属幼儿园基地内进行了著名的"延迟满足"实验。实验人员给每个 4 岁的孩子一颗好吃的软糖，并告诉孩子：如果马上吃掉的话，那么只能吃一颗软糖；如果等 20 分钟后再吃的话，就能吃到两颗。

然后，实验人员离开，留下孩子和极具诱惑的软糖。实验人员通过单面镜对实验室中的幼儿进行观察，发现有些孩子只等了一会儿就不耐烦了，迫不及待地吃掉了软糖，即"不等者"；有些孩子却很有耐心，还想出各种办法拖延时间，比如闭上眼睛不看糖，或头枕双臂，或自言自语，或唱歌，或讲故事……这些孩子成功地转移了自己的注意力，顺利等待了 20 分钟后再吃软糖，即"延迟者"。

后来，研究人员在参加实验的孩子到了青少年时期的时候，对他们的家长及教师进行了访问，发现"不等者"在个性方面更多地显示出孤僻、固执、易受挫、优柔寡断的倾向，"延迟者"则较多地成为适应性强、具有冒险精神、受人欢迎、自信、独立的少年。两者学业能力的测试结果也显示，"延迟者"比"不等者"在平均成绩上高出 20 分。

杜克大学和伦敦大学国王学院的心理学教授泰利·莫菲特也提出过，"在小学和学前年龄时就具有极佳自控能力的孩子们在 30 多岁时出现健康问题的概率更小。

一个公司的老板评价他的一个员工说："小伙子是个不错的人，人品也不差，就是自制力太差了，没有长性。他刚来公司的时候，挺勤快，也挺会办事。但没多久，懒病就出来了。早上不按时上班，有机会就偷个小懒，很多事情办得不错，但不能坚持到底，总会留下个小尾巴。结果本可以做得更好的事，反而被他弄成了有头无尾的烂尾楼工程。"

"他去厦门后，我给他配了一部车。我本来想，他自己也做过生意，应该懂得如何开拓市场，我知道开拓新市场是需要时间的，所以也就没有盯得很紧，只是每周问问进展，他讲得也头头是道。过了两个月，他的说辞仍然跟刚开始一样，我觉得有点蹊跷，就在没有通知他的情况下，忽然袭击，去了厦门。结果我发现，我配给他的车，满是灰尘，两个月来他开车跑的总里程，竟然没超过 400 公里。"

"我跟他隔壁公司的人聊了聊，他们告诉我：隔壁那胖子，自打来之后，就没见怎么出去过，整天开足了冷气，穿着短裤，光着膀子打游戏。我们有时候吃饭的时候叫他，他很少下去，要么请我们帮他带快餐，要么让我们帮他带方便面。才两个月，我们看他起码胖了二三十斤吧，连他新买的椅子都盛不下了。每次看他上楼那气喘吁吁的样子，我们都担心他的心脏或者身体会出问题。我看了一下电表，他一个人两个月竟然用了 1 800 多度电！晚上我跟他出去吃饭，仔细观察了一下，因为长期不运动，甚至不移动，他的身体看起来真的很危险，所以委婉劝他离开了。"

老板跟这个员工深入聊天的时候，了解到他的自制力如此差，可能跟他的家庭成长背景和教育有关，"他父亲在军队里职务比较高，因为是职业军人，比较强势，所以他是被他父亲揍大的，等于他要做什么，都是被他爸逼的。而她妈妈也很能干，他30岁之前的一切，都是他妈妈安排的。这样父母双重强势下教出来的小孩，一旦离开父母，独立工作的时候，缺乏像他父母那样强势的人管制，就无法坚持，所以做任何事也做不长久。给他独立宽松的工作环境后，就会完全失控，无法自制。老板观察他那么久，发现他其实很聪明，领悟力也很强，如果他的自控能力能稍微强一点的话，前途不可限量。可惜啊，被他父母不得法的教育方式给毁了。"

第四节　自控力实验

这里给出了一套自控力测试题。我们可以测试一下自己的自控力。

下列各题中，每题有5个备选答案，根据你的实际情况，选择一个最适合你的答案：A. 很符合自己的情况；B. 比较符合自己的情况；C. 介于符合与不符合之间；D. 不大符合自己的情况；E. 很不符合自己的情况。

测 试 题

（1）我很喜欢长跑、远足、爬山等体育运动，但并不是因为我的身体条件适合这些项目，而是因为这些运动能够锻炼我的体质和毅力。

（2）我给自己订的计划，常常因为主观原因不能如期完成。

（3）一般来说，我每天都按时起床，不睡懒觉。

（4）我的作息没有什么规律性，经常随自己的情绪和兴致而变换。

（5）我信奉"凡事不干则已，干则必成"的信条，并身体力行。

（6）我认为做事情不必太认真，做得成就做，做不成便罢。

（7）我做一件事情的积极性，主要取决于这件事情的重要性，即该不该做；而不在于对这件事情的兴趣，即想不想做。

（8）有时我躺在床上，下决心第二天要干一件重要事情，但到第二天这种劲头又消失了。

（9）在工作和娱乐发生冲突的时候，即使这种娱乐很有吸引力，我也会马上决定去工作。

（10）我常因读一本引人入胜的小说或看一出精彩的话剧而忘记时间。

（11）我下决心办成的事情（如练长跑），不论遇到什么困难（如腰酸腿疼），都会坚持下去。

（12）我在学习和工作中遇到了困难，首先想到的就是问问别人有什么办法。

（13）我能长时间做一件事情，即使它枯燥无味。

（14）我的兴趣多变，做事时常常是这山望着那山高。

（15）我决定做一件事时，说干就干，决不拖延或者落空。

（16）我办事喜欢挑容易的先做，难做的能拖则拖，实在不能拖时，就赶紧匆匆做完，所以别人不大放心让我干难度大的工作。

（17）对于别人的意见，我从不盲从，总喜欢分析、鉴别一下。

（18）凡是比我能干的人，我不大怀疑他们的看法。

（19）我喜欢遇事自己拿主意，当然也不排斥听取别人的建议。

（20）生活中遇到复杂情况时，我常常举棋不定，拿不定主意。

（21）我不怕做我从来没有做过的事情，也不怕一个人独立负责重要的工作，我认为这是对自己很好的锻炼。

（22）我生来胆怯，没有十二分把握的事情，我从来不敢去做。

（23）我和同事、朋友、家人相处时，很有克制能力，从不无缘无故发脾气。

（24）在和别人争吵时，我有时虽明知自己不对，却忍不住要说一些过头的话，甚至骂对方几句。

（25）我希望做一个坚强的、有毅力的人，因为我深信"有志者事竟成"。

（26）我相信机遇，很多事实证明，机遇的作用有时大大超过个人的努力。

测 评 标 准

单数题号：A记5分，B记4分，C记3分，D记2分，E记1分

双数题号：A记1分，B记2分，C记3分，D记4分，E记5分

各题得分相加，统计总分。

测 评 分 析

111分以上：自制力很强。91～110分：自制力比较较强。71～90分：自制力一般。51～70分：自制力比较弱。50分以下：自制力很薄弱。

我们一生的时间分为学习工作时间（学校学习、个人学习、个人工作等）、生理必需时间（饮食、睡眠等）、劳务时间（打扫、购物、做饭等）、娱乐时间（外出活动、锻炼、休闲等）。根据一项调查显示，人们在工作日中大体是上班时间8小时零3分钟，加班时间17分钟，做兼职时间13分钟，上下班路途时间61分钟，睡眠时间7小时41分钟，用餐1小时16分钟，做个人卫生和其他时间1小时46分钟，做饭时间50分钟，购物、做家庭卫生和照顾老幼时间为12～20分钟。闲暇时间中，看电视为3小时零6分钟，健身为12～13分钟，读书、看报、听广播约半小时，娱乐活动22分钟。

在这些时间里，我们可以看出，多少时间可以扩展进行自我提升，多少时间可以压缩以便节能提效，而这些时间是可以由我们自己来控制的。我们无法在时间的划分上给出一个非常标准的答案，因为个人想法和生活习惯不同。但是，我们却能够提出一个相对标准的建议：那就是自我充电（比如个人技巧的学习、能力的提升、文化的增长等）的时间可以适当加大比例，而生理必需时间、劳务时间、娱乐时间可以在合理、健康的范围内进行

适当的缩减。这样，你可以控制自己将时间放在更有效、更利于发展的活动上，而不是只能空想或者后悔痛苦。

这种自我控制，对我们习惯的培养和个人成长是有益的。因为这种有计划的理性控制，将会逐渐培养出我们对于自身感性和理性配比的掌握能力。这个时候，我们会对自己要做的事情更明确，更清楚想要达到的结果，在努力取得这个结果的过程中，我们也能对自我进行有效的操控。这是身为社会人士能力达标的重要标准之一。

然而，心理学家已经证明了，我们总是错误地认为自己明天会比今天有更多的空闲时间。两位市场营销教授——威斯康辛大学麦迪逊分校的教授罗宾坦纳（Robin Tanner）和杜克大学的库尔特卡尔森（Kurt Carlson）已经很好地证明了大脑这种自欺欺人的手段。他们对消费者犯的错误很感兴趣，因为消费者总是在预测运动器材的使用率时做出过高的估计。事实上，90% 的运动器材最终只能在阳台的灰尘里度过余生。他们很好奇，人们在想象未来要用这些杠铃和收腹机做什么时，到底在想些什么？他们想象的未来是和现在一样充满了忙碌的工作和临时发生的状况，每天都让人疲惫不堪，还是另外一个模样？

为了找到答案，他们让很多人做预估："你下个月每周（平均）会锻炼几次？"然后，他们问另一组被试者同样的问题，但加上一个重要的前提："在理想状态下，你下个月每周会锻炼几次？"两组被试者在做估计时没什么差别，大家默认的答案都是"在理想状态下"，即便研究人员要求他们按实际的而非理想的状态做出回答。我们总是憧憬着未来，却没能看到今天的挑战。这让我们确信，未来我们会有足够的时间和精力去做今天想做的事。我们觉得，推迟到以后再做是理所应当的。我们相信，未来不仅能弥补今天没做的事，还能做到更多。

这种心理倾向是很难动摇的。实验人员试图通过明确的指示，如"请不要做出理想状态下的假设，请根据你的实际情况做出预测"，促使人们做出更切合实际的自我预测。但是，听到这种指示的人更可能对未来盲目乐观，做出了次数更多的预测。实验人员决定检验一下这些乐观主义者。两周后，他们邀请这些被试者回到实验室，报告自己实际的锻炼情况。不出所料，他们实际的锻炼次数低于预估。人们是为理想世界做出预估，却在现实世界生活了两周。

然后实验人员让被试者预估接下来两周里的锻炼次数。这些人仍然保持了乐观主义精神，甚至做出了比上一回更多的预估。这些预估远远高于过去两周里他们实际锻炼的次数。事情似乎是这样的：他们把预估看得很重，所以安排未来的自己多做点锻炼，弥补自己之前的糟糕表现。他们不觉得过去两周是真实情况，不觉得最初的预估是不切实际的理想，相反，他们会觉得过去两周是特殊情况。

这种乐观主义精神让人很难理解。如果我们预料到自己无法完成设定的目标，那么还不如在开始之前就认输。如果我们现在表现糟糕，却用对未来的乐观期待来掩饰它，那么还不如一开始就不要设定这个目标。

第五节 职场故事

杰克在一家国际贸易公司上班，他很不满意自己的工作，愤愤地对朋友说："我的老板一点儿也不把我放在眼里，每次开会、聚会都无视我的存在，但是做苦力跑腿的时候却找到了我。跟这样不爱惜人才的老板工作，太没劲了。真想拍桌子辞职不干了。"

"你对公司的业务完全弄清楚了吗？对于他们做国际贸易的窍门都搞懂了吗？"他的朋友反问。

"没有！"

"要想走，也可以，我建议你好好把公司的贸易技巧、商业文书和公司的运营搞通，甚至如何修理复印机的小故障都学会，然后再辞职不干。"朋友说，"你可以把他们的公司当作免费学习的地方，什么东西都学会了之后，再一走了之，这样不是既有收获又出气了吗？"

杰克听从了朋友的建议，从此便默记偷学，下班之后也留在办公室研究商业文书。

一年之后，朋友问他："你现在许多东西都学会了，可以准备拍桌子不干了吧？"

"可是，我发现近半年，老板对我刮目相看了，对我不断委以重任，又升官又加薪，我现在是公司的红人了！"

"这是我早就料到的。当初老板不重视你，是因为你的能力不足，你却不努力学习；而后你经过努力，能力不断提高，老板当然会对你刮目相看了。"朋友笑着说。

大部分的人，好像不知道职位的晋升是建立在忠实履行日常工作职责的基础上的。只有全力以赴、尽职尽责地做好目前工作，才能使自己的价值渐渐提升。其实在极其平凡的职业中、极其低微的岗位上，往往蕴藏着巨大的机会。只有把自己的工作做得比别人更迅速、更完美，调动自己全部的智力，从中找出方法来，才能吸引别人的注意，自己也会有施展才干的机会，以满足心中的愿望。

本章小结

每个人都守着一扇门，它只属于我们自己。我们可以决定何时开启它，何时改变它，何时毁灭它。除了自己，没有人能够为我们找到这扇门，也没有人能够帮我们守护它，它只接受我们自己的控制。只要愿意积极思考，敞开心扉，将良好的准则化为习惯，我们就能掌握那扇门之外更多的东西，包括整个人生。

一切皆在你的掌控之中！

课 余 训 练

本课程不会教给你什么捷径，但能告诉你一种快速提高自控力的方法：将呼吸频率降低到每分钟 4 ~ 6 次，也就是每次呼吸用 10 ~ 15 秒时间，比平常呼吸要慢一些。只要你有足够的耐心，加上必要的练习，这一点不难办到。放慢呼吸能激活前额皮质、提高心率变异度，有助于你的身心从压力状态调整到自控力状态。这样训练几分钟之后，你就会感到平静、有控制感，能够克制欲望、迎接挑战。

在吃奶酪蛋糕之前，你不妨先做个放慢呼吸的训练。先计算你平常的呼吸频率，然后放慢呼吸，但不要憋气（这样只会让你更紧张）。对大多数人来说，放慢呼气速度很容易，因此请专注于缓慢地、充分地呼气（就像用吸管向外吹气一样），充分的呼气让你能更加充分地吸气。如果你无法每分钟呼吸 4 次，那也别担心。当呼吸频率下降到每分钟 12 次以下时，心率变异度就会稳步提高。

研究表明，坚持这个练习能增加你的抗压性。帮助你做好意志力储备。一项研究发现，滥用药物或患有创伤后应激障碍症的成年人，每天进行 20 分钟放慢呼吸的练习，就能提高心率变异度，降低欲望和抑郁程度。原理相似的"心率变异度训练项目"还能帮助警察、股票交易员和客户服务人员提高自控力，降低心理压力。这三类人正是世界上压力最大的群体，只要做 1 ~ 2 分钟的呼吸训练，就能提高你的意志力储备。所以每当你面临意志力挑战的时候都可以尝试这种办法。

第二章 | 意志力科学

第一节　情境导入

一项超过 100 万人参加的调查显示，现代人中自认最缺乏的品质就是意志力。尼古拉斯在他的书《浅薄》中提出，互联网毁掉了我们集中注意力、深入阅读和思考的能力。蒂尔尼和鲍迈斯特在他们的书《意志力》中也指出，一个典型的电脑用户一天内会打开超过 36 个网站。人们对一个重要备忘的专注总是被来自某社交网站的干扰和手机上永无止境的新邮件提示音所打断。

公司老板找员工谈话，说该员工总是不够专心，好像所有时间都在看手机，连开会也如此。我们可能会认为，这种强迫症是社会问题，大家不是都在地铁上、电梯里看手机吗？看手机一方面是关心里面的内容，更主要的是避免在狭小的空间里跟陌生人对视。但是如果他开会看手机、老板在讲话的时候看手机，说明他在潜意识中对老板不够重视，他对外传递的信息很明确，即我手机上的事情比你们重要，你觉得老板会怎么想？

统计一下，你一天花在手机上的时间有多长？用手机主要做什么？

为什么我们不能坚持做好某件事呢？

（1）我们没有形成固定的时间节奏感。

（2）我们没有找到好的志同道合者互相激励。

（3）我们没有选择一个更适合目标的环境。

（4）我们根本就丢失了自己真正想做的目标。

（5）我们无法确定自己的所作所为是否让自己离目标更近。

（6）我们的性格中有太多好逸恶劳的成分。

（7）我们会因为一点点的小成功而替代真正的目标。

我们对于意志力的需求是不可少的。完成一项艰难的工作，你需要意志力！减下你认为多余的脂肪，你需要意志力！在上司面前控制自己的不满，按下怒火，你需要意志力！想通过努力达成升职的目的，你需要意志力！

第二节 意志力科学概述

意志力是决定达到某种目的而产生的心理力量，可被视为一种能量，而且根据能量的大小，还可判断出一个人的意志力是薄弱的，还是强大的，是发展良好的，还是存在障碍的。意志力总是与人的感受、知识一起发挥作用，但不能因此而认为人的感受、知识等同于意志力，也不能把欲望、是非感与意志力混为一谈。意志力不仅是指下决心的决断力，不仅是用来感悟理解的感受力，或是进行构想的想象力；意志力是指所有"进行自我引导的精神力量本身"。

现代人拥有意志力，得益于远古时期的人类。那时，人们面临很大的压力，必须努力成为好邻居、好父母、好妻子或好丈夫。但人脑究竟是怎么进化而来的呢？答案是，我们的前额皮质进化了。前额皮质是位于额头和眼睛后面的神经区，它主要控制人体的运动，如走路、跑步、抓取、推拉等，这些都是自控的表现。随着人类不断进化，前额皮质也逐渐扩大，并和大脑的其他区域联系得越来越紧密。现在，人脑中前额皮质所占的比例比其他物种大很多。这就是为什么你的宠物狗不会把狗粮存起来养老，而人却会未雨绸缪。前额皮质扩大之后，就有了新的功能。它能控制我们去关注什么、想些什么，甚至能影响我们的感觉。这样一来，我们就能更好地控制自己的行为。

斯坦福大学的神经生物学家罗伯特·萨博斯基（Robert Sapolsky）认为，现代人大脑里前额皮质的主要作用是让人选择做"更难的事"。如果坐在沙发上比较容易，它就会让你站起来做做运动。如果吃甜品比较容易，它就会提醒你要杯茶。如果把事情拖到明天比较容易，它就会督促你打开文件，开始工作。

前额皮质并不是挤成一团的灰质，而是分成了三个区域，分管"我要做""我不要""我想要"三种力量。前额皮质的左边区域负责"我要做"的力量。它能帮你处理枯燥、困难或充满压力的工作。比如，当你想冲个澡的时候，它会让你继续待在跑步机上。右边的区域则控制"我不要"的力量。它能克制你的一时冲动。比如，你开车时没有看短信，而是盯着前方的路面，就是这个区域的功劳。以上两个区域一同控制你"做什么"。

第三个区域位于前额皮质中间靠下的位置。它会记录你的目标和欲望，决定你"想要什么"。这个区域的细胞活动越剧烈，你采取行动和拒绝诱惑的能力就越强。即便大脑的其他部分一片混乱，向你大叫"吃这个！喝那个！买那个！"这个区域也会记住你真正想要的是什么。

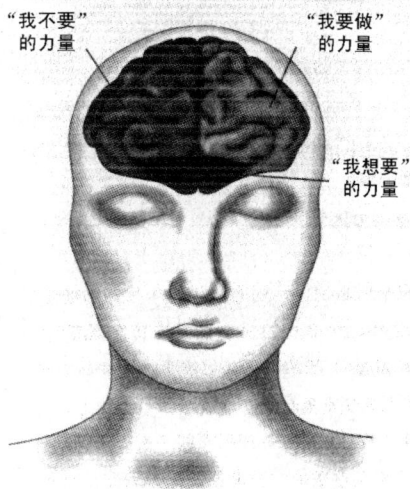

强大的意志力能够成就你想要做的很多事。它让你建立一个目标，它让你能够坚持，它让你在瓶颈面前继续前进——这是一种伟大的力量。那么，这种力量的根源在哪儿呢？

首先，意志力是自我努力的结果，而依靠他人只会导致懦弱。

意志力是自发的，不能依赖于他人。坐在健身房里让别人替我们练习，是无法增强自己肌肉的力量的。没有什么比依靠他人更能破坏独立自主精神的了。如果你依靠他人，你将永远坚强不起来，也不会有独创力。而且，依赖心理还会剥夺一个人本身具有的独立的权利，使其依赖成性。有依赖，就不会想到独立，其结果是给自己的未来挖下失败的陷阱。

清朝名臣曾国藩在漫天硝烟的戎马倥偬中，每天都坚持写日记、读书、独自思考和反省，这种习惯几十年保持不变。正是依靠这种不断学习，使曾国藩无论在见识上，还是在成事能力上，都远远超越了他那个时代的同僚们，成为晚清少有的历史人物。人非圣贤，不可能一生下来就什么都知道，人的智慧和才能都是经过后天积累而获得的。

其次，意志力还来源于一个人的进取心。

"我想要改变自己的生活状态！""我想要成为更加有成就的人！""我想要实现自己的理想，而不是混日子！"这些想法就是很好的进取心的初衷。这种进取的力量会让你在遇到任何艰难障碍时，都能克服困难，消除障碍。

但意志薄弱的人一遇到挫折便思退求缩，最终归于失败。实际生活中有许多青年，他们很希望上进，但是意志薄弱，没有坚定的决心，不抱着破釜沉舟的信念，一遇挫折，立即后退，所以终遭失败。

我们总是羡慕那些有计划又能够完美执行的人——他们能够坚持每天的体育锻炼；他们能够养成十年如一日的工作习惯；他们能够做每一件事都贯彻始终——这类人总是让人觉得有用不完的力量，好像他们强大的意志力永无竭尽。

我们总是存在一种误解，以为意志力应该是一口永远涌出泉水的泉眼。但是，我们忽略了一点，那就是意志力其实也是一种能量资源，它能为各种行为的控制提供能量——坚持某个决定、抵抗某种诱惑等。

切记，意志力使用过度也会精疲力竭！

每一周世界总会有某些名人的爆炸性新闻，如关于政治家、警察、教师或运动员的爆炸性新闻。这些事件足以震惊全世界，而起因总是意志力失效。从"自控力有限"的角度来理解这些事就很容易了。这些人都处于巨大的压力之下，他们的职业对自控的要求都很高，或是要惩罚罪犯，或是要24小时保持良好的公众形象。他们的自控力肌肉肯定很疲惫，他们的意志力也消耗殆尽，他们的前额皮质在对抗中败下阵来。但不是每一次自控力失效都是因为真的失去了控制。有时，我们是有意识地选择了在诱惑面前屈服。

是什么原因导致这些人的意志力失效呢？可以总结出以下四点：

（1）情绪化。这类人更感性，他们的做事风格更加倾向于内在的感受。他们会因为很多外在的因素出现情绪的波动——压力、绝望、愤怒、焦虑。这种情况下，他们不是不能处理问题，最关键的是，他们不敢去处理问题。已经存在的情绪和问题就像是一团火，让人觉得无比炽热，似乎只要伸手去碰触，就会被烫伤。他们会本能地缩回手，不想被这些痛苦，比如总是解决不了的问题、处理不了的感情危机、完成不了的工作所伤害，所以，他们选择了逃避，选择放纵自己在压力面前产生的情绪。

（2）可行性。一件事情的可行程度，决定着你激情的规模和延续时间。简单地说，当你的理想是"做一个会做饭的人"的时候，你在短时间内是可以做到的，可以收到相应的成果，看到成长的价值。这个时候，激情和成就感就会支撑着我们继续奋斗，甚至使我们变得不知疲倦。此时，我们的意志力表现得十分强大，走向了顶峰，也完成了我们的理想。但是，如果我们的理想是"做一个精通各国饮食的高级厨师"，就要付出更多的艰辛和痛苦，在这个艰辛的过程中，你是否能够坚持，就会成为一个未知数。

（3）限制力。限制力和诱惑力有关，心理学上有一个效应叫做"禁果效应"，越是不让你做的事，越是想要去做。也就是说，你越是限制自己接触某样东西，某个东西对你的诱惑力也就越大。你因为自己肥胖的身材不敢接触垃圾食品，但是，垃圾食品似乎有一种魔力一样总是吸引着你，当你强迫控制自己而不得时，控制力就会崩溃。所以，这种情况下，你需要的是一种适当的疏通。以健康的饮食为主，偶尔放纵一下去品尝垃圾食品，这种情绪反抗将会变小。

（4）找借口。从潜意识来说，人都有一种自我保护的机制，这是生物进化的结果，这种机制会让我们生存得更好。就像你把手伸向火的时候，会本能地收回。同理，当你觉得有某种东西已经有侵害你的倾向时，你会本能地保护自己。比如，当你拖延某件事的时候，你会自主地产生一种罪恶感，这种罪恶感会让你很不舒服，那么，潜意识里，你会希望此刻自己的拖延行为是合理的。所以，你就会给自己找各种理由和借口，比如，"我今天的确是太累了，其实，这个项目也不是那么急，明天也是可以做的。"

面对意志力失效，我们要做好哪些工作呢？首先，把意志力放在最需要的事情上。最紧急的事、最重要的事，你可以优先安排和处理，将你的主要精力放在这方面，就会提高效率。

其次，保持良好的生活习惯和心理状态也是给自己"充电"的必要。比如，整洁的仪容会让自己有一种更精神焕发的生活状态，而当这种状态传达给别人的时候，别人的积极评价和认可也会反馈给你，让你对这种状态更加满意从而继续坚持，这就是一种良性的互动。

拖延症的表现...

1. 莫名的安全感

时间多的是~~

我决定先休息休息再干活~~

2. 犯懒

或许，我应该先起个头儿...

o♢_♢o 不想做...

3. 各种借口

我现在好忙哦.

不如，稍微休息一下~~

如果你每天睡眠时间不足 6 个小时，那你很可能记不起自己上一次意志力充沛是什么时候了。长期睡眠不足让你更容易感到压力、萌生欲望、受到诱惑。你还会很难控制情绪、集中注意力，或是无力应付"我想要"的意志力挑战。如果你长时间睡眠不足，你就可能在每天结束的时候觉得后悔，后悔自己又屈服于诱惑了，又把要做的事拖到了明天了。最后，你会感到羞愧难当，充满负罪感。很少有人不想变成更好的人，但很少有人会考虑怎么才能休息得更好。

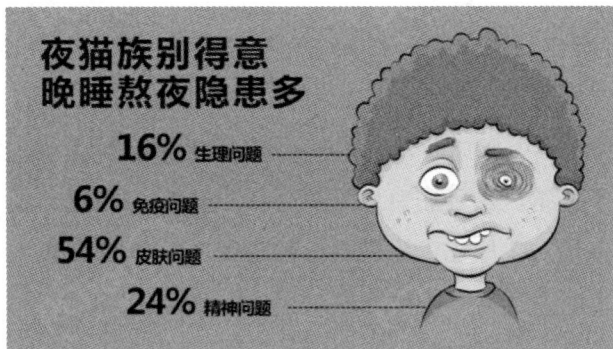

夜猫族别得意
晚睡熬夜隐患多

16% 生理问题

6% 免疫问题

54% 皮肤问题

24% 精神问题

为什么睡眠不足会影响意志力？一开始，睡眠不足会影响身体和大脑吸收葡萄糖，而葡萄糖是能量的主要存储方式。当你疲惫的时候，你的细胞无法从血液中吸收葡萄糖。细胞未能获得足够的能量，你就会感到疲惫。由于你的身体和大脑急需能量，你就开始想吃甜食，想摄入咖啡因。但即便你食用了糖类或咖啡，你的身体和大脑也无法获得能量，因为它们无法对其有效利用。这对自控力来说可不是个好消息，因为自控会消耗你有限的脑力。

你的前额皮质同样急需能量，能量短缺会造成严重后果。睡眠研究人员甚至为这种状态起了个有趣的名字——轻度前额功能紊乱。睡眠不足会让你起床的时候大脑受损。研究表明，睡眠短缺对大脑的影响和轻度醉酒是一样的。我们都知道，在醉酒的状态下，人们毫无自控力可言。

但好消息是，这些反应都是可逆的。如果睡眠不足的人补上一个好觉，他的前额皮质就会恢复如初。实际上，他的大脑和休息良好的人的大脑会完全一样。研究不良癖好的科学家已经开始用睡眠来治疗药物滥用患者。在一项研究中，每天 5 分钟的冥想训练帮助患者恢复了睡眠，让他们每天的有效睡眠时间增加了 1 个小时，这就大大降低了他们旧病复发的概率。因此，如果你想获得更强的意志力，那就早点休息吧。

第三节　意志力案例

案例一：意志力有无法想象的力量

巴拉昂是一位年轻的媒体大亨，以推销装饰肖像画起家，在不到 10 年的时间里迅速跻身于法国五十大富豪之列，1998 年因前列腺癌在法国博比尼医院去世。临终前，他留下遗嘱，把他 46 亿法郎的股份捐献给博比尼医院用于前列腺癌的研究，另有 100 万法郎作为奖金，奖给回答出穷人最缺少的是什么这个问题的人。

穷人最缺少的是什么呢？在巴拉昂逝世周年纪念日，律师和代理人按照巴拉昂生前的交代，在公证部门的监视下打开了保险箱，揭开了谜底：穷人最缺少的是进取心，那不满足现状的进取心。

案例二：挫折是意志力的磨刀石

一位计算机博士刚刚到美国的时候，期望找到一份理想的工作，但却四处碰壁，一无所获。在无计可施的情况下，他来到了一家职业介绍所，没有出示任何学位证件，以最低身份做了登记。出乎意料的是，居然很快接到了这家职业介绍所的通知，被一家公司录用了。但职位是最初级的程序输入人员。但是他很珍惜这份工作，干得很投入、认真。不久，老板发现这个小伙子能察觉出程序中不易察觉的问题，能力非一般程序员可比。此时，他拿出了学士学位证书，老板给他换了相应的职位。过了一段时间，老板发现这位小伙子能提出很多独特的建议，其本领远比一般大学生高明。此时，他又拿出了硕士学位证书，老板又立刻提拔了他。又过了半年，老板发现他能够解决实际工作中遇到的所有技术问题，于是决意邀请他去自己家中喝酒。酒席上，在老板的再三盘问下，他才承认自己是计算机博士，因为工作难找，就把博士学位瞒了下来。第二天一上班，他还没来得及出示博士学位证书，老板已经宣布他就任公司的副总裁了。

凭博士这样一纸学历进入公司，而后在很短的时间内脱颖而出，数次提升，这样的事情一般不太可能发生。即便发生，在提拔的时间上也不会相隔那么短。再者，公司里位居高职，经验丰富、学历不低的人也不在少数，谁会服气一个只有空头文凭而且初来乍到的新人？一开始亮出博士文凭，固然可能立刻会得到较高的职位，但也必定给别人较高的心理期待，表现出色自然会被认为是理所应当的，表现不好就与心理期待形成了反差，说不定一个错误让人失望，连工作都可能丢掉。

这样一种以退为进的态度，对今天的大学生，还有许多硕士生、博士生何尝不适用呢？放下身段，放下自以为优越的条件，从自身的情况出发，清醒地思考自己真正的需求，便不易陷入盲目追求的沼泽，不容易被空洞、无价值的事物所累。先放下无谓的争斗、攀比的人，便先走一步。

运动员后退一步，是为了发力起跑；人生后退一步，是为了跑得更远。

第四节　意志力实验

如果你想有一套属于自己的意志力训练方法，不妨试一试下面几个"自控力肌肉"锻炼模式：

（1）增强"我不要"的力量：不随便发誓（或者不说某些口头禅）、坐下的时候不跷脚、用不常用的手进行日常活动，如吃饭和开门。

（2）增强"我想要"的力量：每天都做一些事（但不是你已经在做的事）。用来养成习惯或不再找借口。你可以给母亲打电话、冥想 5 分钟，或是每天在家里找出一件需要扔掉或再利用的东西。

（3）增强自我监控能力：认真记录一件你平常不关注的事，可以是你的支出、饮食，也可以是你花在上网和看电视上的时间。你不需要太先进的工具，铅笔和纸就够了。但如果你需要一些激励的话，"量化自我"运动已经把"自我记录"变成了一门科学和一种艺术。

培养意志力的关键，不是你是否意识到了意志力有多重要，而是你是否有足够的觉悟能够做到对自己"狠心"！当我们想要实践某个想法的时候，订立计划和目标的人是我们自己，去实施的人还是我们自己。多数情况下，我们都是做自己的监督者。你对自己监督得越严厉，你最终获得的效果就越好。但是，前提必须是，你选择的这个方向是有相对正确性的。

所以，监督力对于培养意志力来说十分重要。

如果你想立刻提高意志力，那么最好出门走走。科学家认为，5 分钟的"绿色锻炼"就能减缓压力、改善心情、提高注意力、增强自控力。"绿色锻炼"指的是任何能让你走到室外、回到大自然怀抱中的活动。好消息是，"绿色锻炼"有捷径可走。短时间的爆发可能比长时间的锻炼更能改善你的心情。你用不着大汗淋漓，也用不着精疲力竭。低强度的锻炼，如散步，比高强度的训练有更明显的短期效果。以下是在5分钟"绿色锻炼"中可以尝试的活动：

（1）走出办公室，找到最近的一片绿色空间。

（2）用手机播放一首你最喜欢的歌曲，在附近街区慢跑。

（3）和你的宠物狗在室外玩耍（你可以追着玩具跑）。

（4）在自家花园里找点事情做。

（5）出去呼吸新鲜空气，做些简单的伸展活动。

（6）在后院里和孩子做游戏。

第五节　职场故事

一对68岁的双胞胎兄弟，用48年种了一片山林，然后日子变了……

从空中俯瞰，老许兄弟家被几百亩青松翠柏包裹，一座白色亭子点缀其间。亭子后是一座木结构大房子，房檐上有木雕的龙兽。占地两亩多的院子一入门，一条干净的砖铺小甬道两边，两排松树苍然挺立。由甬道进入院子，别有天地：带着月亮门的矮墙隔出新旧两个院落，翠竹、松树、柏树高大浓翠，桃树、海棠、梨树一到春天便繁花满树。

罐罐茶是西北人喜爱的一种茶道，两寸高的圆筒形小铁壶里放上茶叶和水，煨在架了木炭的火盆上，煮上半天也就够喝一口。年轻人大多不爱喝罐罐茶，耐不下心等，但却是老许兄弟的酷爱。老兄弟俩说喝罐罐茶不是为了品茶，更不是为了解渴，而是等待茶沸的过程，这种"消磨"的滋味美好得无法言说。

细雨飘落的天气，老哥俩最爱去山林里看菊花。在后山，三头菊、四头菊、五头菊，仍在开放。菊花都是野菊，天生天长，兄弟俩摸摸这朵，又摸摸那朵。"美！比公园里的美！"老哥俩笑眯眯对视着，脸上的褶子一起从嘴角慢慢向眼角集中过去，但眼睛却愈发明亮得像个孩子。

在黄土高原上，能坐拥一片满沟满山的绿和一座山景园林的庭院，是两兄弟用了48年的时间一棵树一棵树"种"出来的。

黄土高原植被稀疏，干旱加上土质涵不住养分，当地老话说，种活一棵树比养大一个孩子都费劲。老许兄弟头一年种下去的几亩树苗遇上干旱，全军覆没。

几年过去，境况没有改变，栽上的树苗要么旱死，要么被水冲走。时间长了，兄弟俩慢慢发现，树苗之所以不耐旱、易冲走，是因为栽到了山坡上。他们把被水连根拔起的树摆成一个大格子的形状，淤积起一片地，再在上面栽树，成了！

种树要花钱，为了这事，许志强兄弟俩没少和各自的媳妇"耍心眼"。包产到户那年，许志强家里卖了一匹马驹得了700元，媳妇让他存起来准备盖房用，谁知老许从60公里外的林业站拉了三拖拉机树苗回家。家里人都憋着气没人愿意跟他种，许志强就自己种。碰巧天下雨，700棵树全活了。林业站的老站长得知这消息专门跑来，看着使劲抽枝拔叶的树苗说"以后站里的苗子便宜给你"。

种的多了，兄弟俩发现，在黄土高原上种树要"抱团取暖"：树越稠密，成活率越高。为了把山林种成片，包产到户后，兄弟俩一狠心，把十亩良田换成30亩荒坡。

吃够了"黄色"满山的苦，老哥俩心底对绿色有一份偏执，种的树全是常绿树种。有句话说得对，如果坚持下去，全世界都会为你让路。兄弟俩连南方的橘子树、佛手、无花果等也全种上了，一开始连林业站的技术人员都不看好，谁知在老兄弟手里养了一段时间，这些树竟然适应了这里的土质和环境，不但郁郁葱葱，还开花结果。

前人栽树后人乘凉。在南京林业大学读书的孙女许童玲每次学校放假回家都感觉是到了江南："家里树特别多，和南方特别像。"

48年、400亩山林，许志强和哥哥每天重复着同样的生活。光阴流转，山林越来越绿，老哥俩却由一对壮小伙变成了花甲老人。但许童玲却说，大爷爷和爷爷一辈子爱树、种树，已经"天人合一"了，看上去是老人，心里却藏了个顽童。

"爷爷特别喜欢动物，我们不想让狗狗上床，爷爷就抱着狗睡觉。爷爷养了一笼子鸡，关在笼子里怕鸡闷，就每天在坡上放鸡。感觉爷爷和别人家的老人不一样，我爷爷想的是很远的事儿，比如跟我们说要爱环境。"

"爷爷爱唱戏，唱秦腔，拉二胡，让我们姐妹学秧歌，他给我们画脸。"

"大爷爷去集市，就是买花，最喜欢牡丹。"

"下雨了，蜜蜂翅膀湿了，爷爷把蜜蜂捂在手心里，把它捂热了，翅膀干了，才让它飞走。我们都害怕蜜蜂蜇人，但蜜蜂从没蜇过爷爷。"

"你知道吗，我两个爷爷除了种树，一个专攻绘画，一个专攻根雕，都是老有所成，远近闻名哩。"在二老的"创作室"里：迎面挂在墙上的是几幅工笔牡丹，有的含苞有的盛放，华贵又大气。中间放着一排古意盎然的"玄关架"，摆满雕好的根雕，"大鹏展翅""金猴献瑞""凤凰于飞"等动物题材的作品，取材自然，件件活灵活现；"老子出关""三娘教子""关公夜读"等人物题材的根雕则神形兼备、韵味久远。

"这是咋学的？"这些作品的水平怎么看也跟面前两个山洼洼里的老农八竿子打不着。许志强兄弟说，黄土高原十年九旱，但山也是通人性的，你对它好，它就对你好，时间长了便心平气和，干什么都学得快。

是啊，老人说得对，既居山野，便顺其自然，一座庭院也可装下整个人生，这也许就是大山对两位老人一生植树的回馈。

本 章 小 结

关于意志力的培养，美国罗得艾兰大学心理学教授詹姆斯·普罗斯把现实某种转变的过程分为四步：

抵制——不愿意转变。

考虑——权衡转变的得失。

行动——培养意志力来实现转变。

坚持——用意志力来保持转变。

课余训练

呼噜呼噜睡个觉！

如果你现在缺乏睡眠，有很多方法都能帮助你恢复自控力。即使你不能每晚连续睡上8小时，做一些小调整也会起到明显的效果。一些研究表明，一个晚上良好的睡眠能帮助大脑恢复到最佳状态。所以，如果你已经一周都晚睡早起了，那么周末补个好觉就能让你恢复意志力。其他研究指出，一周的前几天睡些好觉能帮你储备能量，这样就能对付后几天的睡眠不足。另外还有一些研究表明，最重要的指标是你连续清醒的时间。即便你前一晚没有睡好，打个小盹也能让你重新集中注意力、恢复自控力。你可以尝试补觉、储存睡眠，或是打个小盹，这些策略都有助于减少睡眠不足带来的危害。

好睡眠的 5 个标准：

（1）能在 1 ~ 20 分钟入睡。

（2）睡眠中不醒或偶尔醒来又能很快入睡。

（3）夜间睡眠无惊梦，做梦醒后很快忘记。

（4）早晨睡醒后精力充沛，无疲劳感。

（5）睡眠中没有或很少做噩梦、没有或很少有异常行为等。

第三章 | 体察自身此刻的情绪

第一节 情境导入

我们大多数人总会对自己感觉过于良好，总是认为自己是勤劳的、有计划的，可实际上却恰好相反，总是会被倦怠情绪所拖累。正如去健身房这件事，我们会认为自己有足够的时间和精力去锻炼身体，可时间久了，我们的行为就会被这种倦怠情绪影响。例如，我们会为自己找理由，"下雨了，健身房离家很远，今天就不去了""今天工作很累，不去了"，"明天有早会要开，今天理由总是多种多样，可也只有我们自己才知道，要早早休息"……这些真的是无法避免的理由，还是为倦怠情绪找的借口。

公司里有位想要辞职的员工，说在公司待不下去了，问其原因才知道，原来是另一个部门的主管在一个项目中处处刁难他，原本不是他的职责，别的主管也非要事事插手，还动不动发脾气。这个项目是跨部门的，该员工部门的主管太软弱，怕得罪更有势力的部门，所以什么都谦让，由着别部门主管耍性子，使得本部门的员工没法做。从职场经验看，这样的事情是没有什么答案的，你要么承受；要么等项目结束了大家好好谈谈；要么辞职。一般人都会倾向于第二种方案，但是对于一个成年人，让他改变由性格导致的行为，何其艰难。

在我们试图改变一个人的行为之前，可以稍微看一下造成那种行为的原因。人们偶尔的或者常规的暴怒、歇斯底里等情绪是担心失去某种东西的反应，是某种严重压抑情绪的流露。每当我们要前进一步的时候，总会有数不清的不确定因素无时不在困扰着自己的能力，上司的支持，社会认可，资金、人员，不得不搞定的关系。人越是怕失去什么，越感觉自己的能力不足以控制自己想拥有的东西，越会变得歇斯底里。

每个人可能会特别好奇：人能不能意识到自己的情绪？一个人的行为其实是被情绪控制的，一旦我们没有意识到这些情绪，就容易从主动者变成被动者。

比如说大家在工作中，不管是生气、恐惧还是伤心时，我们能否意识到这种情绪是头脑中的小人在操纵？这能够让我们从被动变为主动。如果没有意识到这一点，那么我们所有的行为都是被动的，被情绪所操纵。遇到这种情况，我们会感到很惋惜，但是却不知道如何去调整、改变。

当生气或伤心时，我们其实能够把自己和情绪区别开。一旦区分开，我们就能很大程度地控制情绪。下次再生气时，可以先问问脑中的情绪，为什么要生气。

第二节　个体情绪概述

从神经生物学上来讲，情绪是由一串肽蛋白组成的一种特有结构的化学物质引起的，例如心烦是因为一种被称为"梅拉多宁"的激素过剩；胆怯是因为单一氧化酶过多；而容易冲动则是由于大脑缺乏"五羟色胺"……这些物质通过海马神经这个"情绪搜集器"被大脑边缘系统的丘脑整理调控，之后才将这些信息传送给杏仁核这个大脑集成反应器，以及负责逻辑分析的脑皮质。

说到底，情绪就是一种资源。情商则是调动这种资源的能力。《情绪智力》作者丹尼尔·戈尔曼说："一个人在社会上要获得成功，起主要作用的不是智力因素而是情绪智能，前者因素只占20%而后者占80%"。一个人的成败深受情绪影响。

情绪具有一种神奇的力量，这种力量可以影响甚至左右一个人的认知行为。比如在你情绪好的时候，你的办事和学习效率就会高，做事情就比较顺利；但是在你情绪低沉、心情抑郁的时候，你会觉得思路阻塞，任何事情都开展迟缓。

喜悦、盼望、生气、厌恶、难过、惊讶、害怕、信任是人类共有的八大基本情绪，就如同色彩构成里的三原色一样，基本情绪的程度深浅和交叠构成了人类纷繁复杂的情绪网。但并不能说喜悦、高兴等情绪就是好的，而生气、痛苦等情绪就是坏的。"情绪只有你喜欢和不喜欢的差别。大体上分三类：喜悦、开心等情绪会让你往前，比如你吃到冰淇淋觉得很美味，就会想吃第二口；而生气、痛苦等你不喜欢的情绪则会让你尽快促成一种改变；

另外，迷失、困惑等情绪则是让我们暂停和反省。"

所谓不喜欢的情绪之所以产生，是因为大脑开启了它最为古老的原始防御。当大脑感到外界威胁时，会在第一时间产生反击、逃跑或者惊呆的反应，这些都是人类的原始存活自保反应。可以想象，痛苦和生气在某种程度上，是一件出发点还算美好的事情。

情绪有大有小，情绪大时很明显，小的情绪却往往容易被人忽略。然而，无论情绪是大是小，我们应该认识到的是，情绪没有好坏优劣之分，而只是一种本能的反应。无论出现何种情绪，我们都应当意识到情绪对自身的警醒作用和管理情绪的重要性。

知觉与评估情绪的能力是心理学上两类最基本的情商，也是衡量一个人情商高低的最基本的要素。通常来说，低情商者对自己及他人的情绪感知能力弱，容易导致情绪失控；而高情商者对自身的情绪能够做理智的分析，对自身情绪的评估能力强，能够很好地解决问题。事实上，很多人对自身的情绪都很难把握好，对此，可以从心理状态加以分析。

著名心理学家约翰·蒂斯代尔提出的"交互性认知亚系统"理论认为，人一般有 3 种心理状态：无心 / 情绪状态、概念化 / 行动状态、正念体验 / 存在状态。

无心 / 情绪状态是指人们缺乏自我觉知、内在探索与反思，一味沉浸在情绪反应中；概念化 / 行动状态则指人们不去体验当下，只是头脑中充斥着各种基于过去或未来的想法与评价；只有正念体验 / 存在状态才是最为有益的心理状态，它是指人们直接感知当下的情绪、感觉、想法，并进行深入探索，同时对当下的主观体验采取非评价的觉知态度。

进入正念状态，需要高度集中注意力去关注当下的一切，包括此时此刻我们的情感和体验，而不应当使注意力陷入对过去的纠缠或是未来的困惑，而对现在的情绪有所批判和排斥。接受发生的一切，关注当下的感受，才能发挥正念的透视力，达到认知自我情绪，主动调适的目的，从而反省当下行为，进行调节，以增加生活乐趣。

活在当下！

在如今快节奏的现代生活中，社会交往日益增多，社会交往的成败往往直接影响着人们的升学就业、职位升降、事业发展、恋爱婚姻、名誉地位，因而使人承受着巨大的心理压力，由此产生焦虑情绪，造成心神不宁、焦躁不安，严重影响工作和生活。这就是我们常说的"社交焦虑症"。

我们大多数人在见到陌生人的时候多少会觉得紧张，这本是正常的反应，它可以提高我们的警惕性，有助于更快更好地了解对方。这种正常的紧张往往是短暂的，随着交往的加深，大多数人会逐渐放松，继而享受交往带来的乐趣。然而对于社交焦虑症来说，这种紧张不安和恐惧是一直存在的，而且不能通过任何方式得到缓解。在每个社交场合、每次与人交往时，这种紧张状态都会出现。紧张、恐惧远远超过了正常的程度，并表现为生理上的不适：干呕甚至呕吐。

对于社交焦虑症患者来说，只有积极地治疗才是对付社交焦虑症的最佳办法。一方面加强社交技能的学习和强化，另一方面可通过适当的药物治疗来帮助克服社交时由紧张、恐惧引起的身体不适，逐渐形成一个良性循环。对于治疗，既不要急于求成，也不能自暴自弃。

"多愁善感"是我们常常听到的一个词，通常情况下，我们对这个词是喜爱的，一度作为敏感、脆弱、富于幻想的人群的重要特质，成为艺术气质的代名词。在欧洲的文艺复兴时代，几乎所有的文学家和艺术家都以多愁善感的敏感神经为荣，自嘲为"忧郁的疯子"。但是，我们却很少把这个词和抑郁情绪联系到一起。其实，从某种程度上讲，多愁善感是抑郁症的前期表现。

生活在当今社会，因为受到一些外界因素的影响，多愁善感是很正常的，随着时间的推移和自我调适，这种情绪很快就能消失。但如果这种情绪长时间挥之不去，并已出现认知偏差，对外界的一切体验就会是悲伤的、消极的，这就应引起足够的重视，因为在抑郁状态严重得难以自拔时，容易酿成自杀、自残等悲剧。调查显示，抑郁症患者50%以上有自杀想法，其中有20%最终以自杀结束生命。

心理学家一直认为，当你表达一种态度时，我们更可能按这种准则行事。毕竟，谁愿意做伪君子？但普林斯顿的心理学家揭示了一个例外，这和我们对表里如一的渴望背道而驰。明确驳斥性别歧视和种族歧视言论的学生，觉得自己已经获得了道德许可证。他们已经向自己证明了，他们没有性别歧视和种族歧视。这就让他们在心理学家所谓"道德许可"（moral licensing）面前不堪一击。

当你做善事的时候，你会感觉良好。这就意味着，你更可能相信自己的冲动。而冲动常常会允许你做坏事。在上面的例子里，学生们因为驳斥了性别歧视和种族歧视的言论而感觉良好，因此放松了警惕，更容易做出有歧视色彩的决定。他们更可能根据直觉的偏好做出判断，而不去考虑这个决定和他们"追求公平"的目标是否一致。这并不是说他们想歧视。他们只是被自己之前良好的行为所蒙蔽，没看到这些决定会带来的伤害而已。

所有被我们道德化的东西都不可避免地受到"道德许可效应"的影响。如果你去锻炼了就说自己"好"，没去锻炼就说自己很"坏"，那么你很可能因为今天去锻炼了，明天就不去了。如果你去处理了一个重要项目就说自己很"好"，拖延着不去处理就说自己很"坏"，那么你很可能因为早上取得了进步，下午就变懒散了。简单来说，只要我们的思想中存在正反两方，好的行为就总是允许我们做一点坏事。"我已经这么好了，应该得到一点奖励。"这种对补偿的渴望常常使我们堕落。因为我们很容易认为，纵容自己就是对美的最好的奖励。这时，我们忘记了自己真正的目标，向诱惑屈服了。

"道德许可"最糟糕的部分是会诱使我们做出背离自己最大利益的事。它让我们相信，放弃节食、打破预算、多抽根烟这些不良行为都是对自己的"款待"。这很疯狂！当我们从道德的角度思考自己面对的意志力挑战时，我们就失去了自我判断能力，看不到这些挑战有助于我们得到自己想要的东西，严重影响个体对情绪的感知。

美食对情绪有影响，下面来了解不良情绪和食物之间的微妙关系。

1. 怒：有些暴躁是吃出来的

东西吃多了，几种与能量代谢有关的 B 族维生素（B1、B3、B6 等）就会消耗得多，而维生素 B1 缺乏会使人脾气暴躁、健忘、表情淡漠；焦虑、失眠与缺乏维生素 B3 有关；维生素 B6 不足则会导致思维能力下降。

以下两种食物吃多了会使人容易发怒：

（1）肉吃得多。体内的肾上腺素水平高会使人冲动。

（2）糖吃多了。听说过"嗜糖性精神烦躁"吗？怒与吃糖多有关联。

2. 疑：希望过高，紧张过度

也许是压力太大，也许是期许过高，多疑的人都有些紧张，有些神经质，通常不快乐，甚至常受失眠之苦，这也和食物有密切关系。

（1）吃少了。疑虑和忧思之人多是苍白、瘦弱的，主要是能量、蛋白质摄取量很低，导致贫血、体力不足。

（2）吃素。长年吃素得不到足够的脂肪以及动物性食品中的卵磷脂和肉碱，从而影响细胞对能量的利用，影响脑组织神经递质的合成和释放。

（3）缺锌。缺锌的人容易抑郁和情绪不稳定。

3. 懒：是一种症状，能反映饮食上的某种偏差

（1）盐多了。食盐过量，在体内积蓄，人会出现反应迟钝、喜欢睡觉等现象。

（2）体酸（人体的 pH 偏酸性）。常言道酸懒酸懒，体内过酸便会懒。

（3）缺铁。饮食单调、不注意荤素搭配摄食的人，容易缺铁。

4．悲：抑郁伤感和营养不良的恶性循环

许多人常感觉自己会莫名其妙地悲伤起来，即使没有什么伤心事，也会感到难过，这也很可能是食物的原因。

（1）氨基酸不平衡。缺乏色氨酸是诱发抑郁症的重要原因。

（2）缺镁。

第三节　个体情绪案例

戈登是一位作家，近来，他深感人生乏味，意志消沉，灵感枯竭。当这种情况愈演愈烈，完全无力改善后，他不得不求教于医生。经体检后发现自己的身体完全正常，医生给他介绍了一位著名的心理大夫。

这位著名的心理医生在详细了解了作家的状况后，提议他做一次精神之旅——到幼年时自己最喜爱的地点度一天假。可以进食，但禁止说话、阅读、写作或听收音机。然后还替他开了四张处方，嘱咐他分别在9点、12点、下午3点及6点拆开。

第二天，戈登来到了儿时曾经最心爱的海滩，然后打开了第一张处方，上面写着"仔细聆听"。他的第一个反应是，难道医生疯了不成？我岂能连续呆坐三小时？但为了尽早康复，戈登依然遵照了医嘱，耐心地四下倾听。他听到海浪声、鸟声，不久又发现，起初未注意的许多声音。一边聆听，一边想起小时候大海教给他耐心、尊重及万物息息相关等观念。他逐渐听到往日熟悉的声音，也听出沉寂，心中逐渐平静下来。

中午，他打开第二张处方："设法回头。""回头什么呢？"也许是童年，也许是往日美好的时光。于是他开始从记忆中挖掘点点滴滴的乐事，设法回忆每一个细节，心中渐渐升起一股温暖的感觉。

下午3点钟，戈登打开第三张处方，前两张并不难办到，但这一张"检讨动机"却不容易。起初他为自己的行为辩护，在追求成功、受人肯定与安全感的驱使下，他不得不采取某些举动。可是再细想一下，这些动机并不怎么正当，或许这正是他陷入低潮的原因。回顾过去愉快而令人满足的生活，他终于找到了答案。

最后他在纸上写道：

"我突然领悟到，动机不正，诸事便不顺。不论邮差、美发师、保险推销员或家庭主妇，只要甘愿为他人服务，就能把工作做得更好。若是只为了某种私利，则不会干得更好，也更不会成功。目标或动机决定了自己的成败，这将是不变的真理。"

到了下午6点，打开的第四张处方很简单："把忧愁埋进沙子里。"他跪在沙滩上，用贝壳碎片写了几个字，然后头也不回地转身离去。因为他相信，当潮水涌上来时，他的那些忧愁将消失殆尽。

后来，这位作家通过大夫的帮助及自身的努力，终于走出了困扰已久的抑郁情绪。日后他不断用纸笔耕耘，靠书写感动心灵的励志书籍而成为一位畅销作家。

这个故事告诉我们，每个人都可能会遇到消极情绪的困扰，但这并不可怕，此时，我们可以让自己放慢脚步，静下心来，聆听自己的心声，搞清楚自己的内心中真正想要的是什么。

当我们的人生目标已变得具体明晰，当自己内心的力量不断积累而变得更加强大时，我们就不会有任何的迟疑或茫然，将会充满勇气和自信地昂首挺胸，阔步向前，因为我们坚信自己正行进在正确的道路上，尽管将有一些坎坷，但未来充满着光明。

第四节　情绪感知实验

从心理学角度来看，易怒的人属于胆汁质型人格，这种类型的人动作和情感都发生得迅速、强烈，他们都热情、直爽、有精力，但同时，他们的情绪变化也更容易引发和更为剧烈，于是就表现出易怒的一面。

莉莎是一个脾气暴躁，容易出现情绪波动的女孩，经常因为小事和别人吵架。她的人际关系因此愈来愈紧张，在公司经常与人发生矛盾，结果男友也难以忍受她的坏脾气，和她分手了。终于有一天，她觉得自己已经处于崩溃的边缘。

她向一个朋友詹森求救。詹森向她建议道："在你发脾气之前，不妨想想，究竟是哪一点触动了你。你可以拥有两种思考，一种是让每件事情都在脑海里剧烈地翻搅，另一种则是顺其自然，让思想自己去决定。"说着，詹森拿出了两个透明的刻度瓶，然后分别装了一半刻度的清水，随后又拿出了两个塑料袋。莉莎打开来，发现里面分别是白色和蓝色的玻璃球。詹森说："当你生气的时候，就把一颗蓝色的玻璃球放到左边的刻度瓶里；当你克制住自己的时候，就把一颗白色的玻璃球放到右边的刻度瓶里。最关键的是，现在，你该学会控制自己的情绪，如果你不试着控制自己的情绪，你会继续把你的生活搞得一团糟。"

此后的一段时间内，莉莎一直照着詹森的建议去做。后来，在詹森的一次造访中，两个人把两个瓶中的玻璃球都捞了出来，他们同时发现，那个放蓝色玻璃球的水变成了蓝色。原来，这些蓝色玻璃球是詹森把水性蓝色涂料染到白色玻璃球上做成的，这些玻璃球放到水中后，蓝色涂料溶解到水中，水就成了蓝色。詹森借机对莉莎说："你看，原来的清水投入'坏脾气'后，也被污染了。你的言语举止，是会感染别人的，就像玻璃球一样，当心情不好的时候，要控制自己。否则，坏脾气一旦投射到别人身上，就会对别人造成伤害，再也不能回到以前。"

莉莎后来发现，当按照詹森的建议去做时，她真的不再那么混沌了，事情也容易理出头绪。当詹森再次造访的时候，两个人又惊喜地发现，那个放白色玻璃球的刻度瓶竟然溢出水来！

慢慢的，莉莎学会了把自己当成一个思想的旁观者，来看清自己的意念，一旦有了不好的想法就很快发现，情绪失控的时候就及时制止。这样持续了一年，她逐渐能够控制自己的情绪，生活也步入正轨，并重新得到了一位优秀男士的爱，她的生活也逐渐变得美好。

想一下自己近期的计划，如上课、健身、上补习班等，记录下自己是不是每次都去，而没有去的理由是什么？是因为真的有事，还是因为懒惰而为自己找的借口？如果是后者，那么给自己设置一个反馈信号，可以把这种警告贴在门上，开关门时都会看得清清楚楚，这样做可以时刻提醒自己：过充实的人生。

有一种简单的方法，画一个"心情谱"就能知道最近一段时间的情绪变化。首先在白纸上画上"数轴"，然后从左到右在直线上画出 10 个刻度，分别写上 1 到 10 的数字。

1 到 10 分别代表不同的心情，如 1、2、3 表示痛苦、郁闷、伤心等坏心情，4、5、6 表示平淡、安静、索然无味等一般心情，7、8、9、10 表示开心、温暖、兴奋、惊喜等好心情。当遇到事情的时候，你可以在"心情谱"上选择对应的词汇，从而了解自己的心情指数，便于掌握自己的情绪波动情况。

经过一段时间后，如果发现自己的"心情谱"波动比较大，经常会出现波峰和波谷，则说明自身的情绪比较丰富，容易不稳定，可以查看是什么原因导致自己出现情绪波动，从而有针对性地调控自己的情绪。如果心情指数波动不大，比如经常保持在平淡、安静等状态，则说明情绪相对稳定。

我们还可以借助"心情谱"了解一个人的心情背景，当它多数偏右的时候，即心情指数经常在 5 以上，则说明你的心情背景比较积极明朗，你的精神状态比较健康；如果它多数偏左，心情指数多在 5 以下，那么你的心情背景较为消极阴郁，你的精神状态就相对较差。

这里给出了一套情绪测试题，让我们简单测试一下自己情绪感知的能力。每个问题回答是或否即可。

（1）尽管发生了不快，你仍能毫不在乎地思考其他事情。

（2）不计较小事，经常保持坦率诚恳的态度。

（3）习惯把担心的事情写在纸上，并进行整理。

（4）在做事情的时候，往往具有比规定更有可能实现的目标。

（5）失败的时候会仔细思考，反省其中的原因，但不会愁眉不展，整天闷闷不乐。

（6）具有悠闲自娱乐的爱好。

（7）常常倾听众人的意见，听取别人意见并改正。

（8）做事情有计划积极地进行，遇到挫折也不气馁。

（9）在无路可走的时候，能够改变你的生活方式或节奏，适应新的生活。

（10）在学业上，尽管别人比自己强，但仍旧保持"我走我路"的信条。

（11）对于自己的进步，哪怕只是一点点，都会有高兴的表示。

（12）乐于一点一滴地累积有益的东西。

（13）很少感情用事。

（14）尽管想做某一件事情，但是自己估量不可能时，也会打消念头。

（15）常常理智、缜密地思考和判断，不拘泥于细枝末节。

回答一个"是"，可以获得 1 分。0 ～ 6 分：表明你的情绪不稳定，经常患得患失，需要找朋友或专家谈谈。7 ～ 9 分：情绪稳定性一般，但缺乏情绪管理的能力，需要借助相关的课程或者书籍来学习。10 ～ 15 分：情绪管理能力很好，有较强的自我反省能力，能很好地处理一些事情。

第五节　职场故事

陈坚是公司的"开厂元老"，技术部的工艺员。所以深得领导的赏识。人们都称他是公司的一大财富！这让陈坚暗自窃喜，感觉升迁的机会来了，工作更加卖力。

可没过几年，眼看着跟他同时进厂的同事们都升职了，只有他还在原地踏步。陈坚心里很不平衡，渐渐地失去了动力，人也变得懒散了。这一段时间，公司又要提干了，他精神一振。但最后的名单中竟然没有他！一气之下，陈坚索性请了半个月的假，回老家散心去了。

半个月后回到公司，有同事告诉他，在他休假的这段日子公司出了大乱子！一个工艺员因为不懂他的工艺配方，选错了料，造成好几吨的产品报废了！陈坚一听，暗自高兴，心想：还不提我的干，万一我走了看你们怎么办！

副总找到陈坚，问有没有补救的办法。陈坚明知可以补救，但他出于一种报复心理却摇了摇头。副总顿时来了火气，桌子一拍，问道："你平时是怎么教他们的？"陈坚也忍无可忍，反问道："那么，这几年里你们到底给了我什么？"并提出辞职。

副总沉默片刻，从抽屉里拿出一把锤子和一枚钉子交给陈坚，说："你把这枚钉子敲进那个松了的桌角里。"陈坚泄愤一般，"砰！砰！"两下就把钉子砸进了桌角，只露出了一小截。这时，副总说："你再把钉子给我拔出来。"陈坚试了好几次，但钉子却牢牢地嵌在木头里，纹丝不动。

"你就像这枚钉子，牢牢地占据了一个关键的位置。"副总说，"在没有找到更合适的替代物之前，你会不会将它拔出来？一定不会。反之，还希望它越牢靠越好！"

副总接着说："我们之所以批你的假，就是想看看少了你这枚钉子行不行。但事实证明，不行。如果你不赶快在自己的位置上砸下另一枚钉子，我们就不会冒着风险把你拔出来，你也就永远得不到提升的机会。"

陈坚茅塞顿开。他怕别人学去他的技术，砸了饭碗，一直不以真本事示人。结果，饭碗是保住了，但他也因此失去了被提升的机会。

本章小结

其实，对于我们每个人而言，每一天都是新的，每一天的心情也都是新的，好的心情会让我们感受更多生命的色彩，就如亚里士多德所说，生命的本质在于追求快乐，而使生命快乐的途径有两条：第一，发现使你快乐的时光，增加它；第二，发现使你不快乐的时光，减少它。阳光的人不是没有黑暗和悲伤的时候，只是他们追寻阳光的状态不好被黑暗和悲伤遮盖罢了。

课余训练

突然增加的糖分会让你在短期内面对紧急情况时，有更强的意志力。但从长远来说，过度依赖糖分并不是自控的好方法。处在压力环境中的人很容易选择经过复杂加工、高脂肪、高糖分的"安慰"食物，但这样做终将摧毁自控力。从长远来看，血糖突然增加或减少会影响身体和大脑使用糖分的能力。这就意味着，你身体中的含糖量可能很高，但却没有多少能量可用，就像中国数千万2型糖尿病患者一样。更好的方法是保证你的身体有足够的食物供应，这样能给你更持久的能量。大多数心理学家和营养学家推荐低血糖饮食，因为它能让你的血糖稳定。低血糖食品包括瘦肉蛋白、坚果和豆类、粗纤维谷类和麦片、大多数的水果和蔬菜。基本上，只要是看起来处于自然状态的食物，以及没有大量添加糖类、脂肪和化学物品的食物都行。或许调整饮食也需要自控力，哪怕只做了一点改善（比如，每个工作日都吃一顿丰盛健康的早餐，而不是什么都不吃；吃零食时选择坚果，而不选择糖果），你获得的意志力都会比你消耗得多。

第四章 | 情绪管理

第一节 情境导入

35 岁的黄荣新是一家贸易公司的部门主管，年纪轻轻的他能获得这么好的位置，除了才华，更多的是靠勤奋。为了这份工作，他每天工作十几个小时，出差更是家常便饭。突然有一天，一向精力充沛的他发觉越来越多的困扰向他袭来：心悸、失眠、易怒、多疑、抑郁，以前 10 分钟就能解决的问题，现在却要花费一个小时，他甚至对工作产生了极其厌倦的情绪，整个人也变得日渐憔悴。

实际上，在现代社会中，由工作压力带来的心理矛盾和冲突是普遍存在的。竞争的压力、工作中的挫折、生活环境的显著变化、人际关系的日趋紧张等，使人不可避免地处于紧张、焦虑、烦躁的情绪之中。紧张的情绪、超负荷的工作压力会让你产生难以预料的情绪风暴，带给你更多的烦恼。

一个成熟的职业人，应该有很强的情绪控制能力，要将情绪作为重要的精神资源管理起来，让其发挥重要的积极作用。积极情绪的表现：热情、活泼；愉悦、快乐；自信、高兴；活力、热诚；振奋、毅力；快乐、好奇；体贴、宽容；进取、努力；挑战、灵活。对管理者来说，企业中不好的情绪需要管理，同时很好的情绪也需要引导其发挥更大的作用，只有对情绪进行合理的管理和引导，才能实现团队和个人的相互促进。

第二节 情绪管理概述

情绪管理是一门科学。有人预言，无论是传统的物质企业，还是现代的 IT 业，未来十年内所面对的主要挑战将是如何支配以及管理情绪和理智、情绪和知识，从而为客户创造出更卓越的服务和体验。成功的职业经理人，不仅肩负着企业赢利的根本任务，同时也应当是"情绪管理高手"，善于生产和制造正面积极的情绪，为企业产品创造更多的附加价值。

有人曾对几百名成功者的经历做过统计，总结出了一个成功的公式，成功＝80% 的情

商 +20% 的智商。也有人认为在决定成功的要素中 80% 来自态度（价值取向），13% 来自技巧，7% 是客观因素。哈佛大学一项研究显示，成功、成就、升迁等原因的 85% 是因为我们正确的情绪，而仅有 15% 是由于我们的专门技术。换句话说，我们花 85% 的教育时间、金钱来学习 15% 的成功机会，而只花 15% 的时间与金钱用于获得成功的 85% 的机会上。这就是我们大多数人和家庭一直在犯的"投资"错误！因而，美国心理学之父威廉·詹姆斯认为，这一划时代的重大发现，使我们可从控制情绪来改变生活、改变命运，从而获得成功的人生。

情绪没有好坏优劣之分，而只是一种本能的反应。无论出现何种情绪，我们都应当意识到情绪对自身的警醒作用和管理情绪的重要性。

1．情绪提醒我们自身观念的问题

人和人之间情绪的不同，主要还是由于彼此观念的不同。如果我们的观念出现了问题，那么情绪也会随之出现问题。例如，有些人存在严重的个人私利观念，一旦别人侵犯到他的利益，他就会立刻产生愤怒情绪；还有些人对自我认识不足，就很容易产生自满情绪或自卑情绪。所以，想要拥有良好而且适度的情绪，我们必须调整自己的观念，使它达到一个正常的标准。

2．情绪提醒我们心理的问题

一些不良情绪向我们反映了自身心理可能出现的偏差，甚至是心理问题。例如，郁闷情绪就容易和抑郁挂钩。如果只是短时间的郁闷，也许是一种正常的情绪反应；但如果一个人长期处在郁闷情绪中难以自拔，就或许是抑郁心理在作祟了。我们需要区分哪些情绪是短暂的、符合正常值的，哪些情绪是长期的、超出正常值的，这样才能及早发现自己心理的问题，并尽早解决它。

3．情绪提醒我们行为习惯的问题

情绪作为一种反应，还向我们昭示了自身行为习惯的问题。

当你饿的时候，摆在你面前的是满桌的美味佳肴，在饥饿感的驱使下，大多数人会迫不及待地想动筷子，这是饥饿情绪的本能反应。然而，肚子饿的情绪只是一个信号，你在动筷子之前，应当考虑一下是否需要等待别人到齐后一起就餐，否则很不礼貌。这就是我们所说的情绪警示，它使人在处事时三思而后行，有助于个人的为人处世走向成功。倘若吃饭的时候一味地从自己的本能情绪出发，大快朵颐，自己的情绪虽然受到了照顾，却容易引起其他人的反感。我们需要将情绪自然地反映出来，但也不能忽视情绪产生的环境，应当具体问题具体分析，通过对情绪生成的解析来具体行事。这正如过马路的黄灯区，行人都会停下来考虑自己下一步该干什么，情绪的表现也需要一个思考的过程，不能任意去发泄。现在很多人没有将情绪作为警示灯的概念，喜怒哀乐全直接显示在脸上，这样不利于人与人之间的相处。

4. 情绪提醒我们身体的问题

我们都知道，身患疾病的人在情绪方面表现得很强烈，他们经常情绪不稳定，起伏性大，易烦躁激动，爱发脾气，情绪激动时，表现出极大的焦躁不安，有时难以控制自己，对外界因素反应更加敏感，对身体的细微变化和各种刺激往往表现出过度的情绪反应。一点微小的事情，也会成为强烈情绪反应的导火索，别人一句不合意的话，也会使他们感到受了极大的委屈，甚至他人说话声音太大，或者电视机音量太响，也会令其烦恼。

从这一点就可以看出，某些情绪的集中爆发，可能就是我们身体出现问题的警讯，不能不加以重视。找不到情绪源的负面情绪，很可能就是由身体疾病引发的，如莫名其妙地烦躁不安、毫无理由地生气和低落消沉的情绪，都可能是某种疾病潜伏在身体里的征兆，要多加注意。

"情绪风暴"中人容易失控。所谓情绪风暴，就是指机体长时间地处于情绪波动不安的应激状态中。美国学者在对 500 名胃肠道病人的研究中发现，在这些病人当中，由于情绪问题而导致疾病的占 74%。根据我国食道癌普查资料，大部分患者病前曾有明显的忧郁情绪和不良心境。我国心理学家在对高血压患者的病因分析中也发现，患者病前常有焦虑、紧张等情绪特点。可见"情绪风暴"对人体有着巨大影响。

如果你已经处于"情绪风暴"中，就要尽快从中抽身，做一些对情绪平复有帮助的事情。早一点将"风暴"赶走，就早一点回归到安宁、平静、快乐的生活中。你是情绪的主人，但是也要善待自己的情绪。

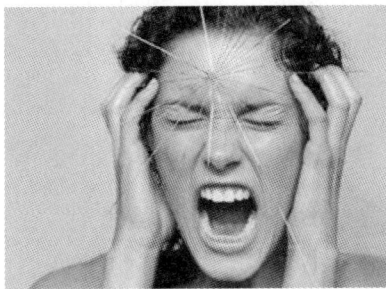

现代社会高速发展，人们的压力也越来越大，情绪的管理便显得非常重要。在稳定的情况下，一切都很容易顺利展开；但情绪不好的时候，行事则十分困难。因此，作为个人，首先要管理好自己的情绪，适当调整自己，然后才能一心一意做事，所做的事情才能更见成效。

对于轻微的压力，人们可以通过自我调节来消除，或随着时间的推移而日渐淡化。如果处理得当，还能将压力转化为人生的动力，促进个体奋发进取。但若是压力不能及时得到排除，长期积聚，无形的压力会在人的生理和心理方面引起诸多不良的反应，形成所谓的"亚健康"状态。

当你感到压力、焦虑或心情低落的时候，你会怎么做呢，你生气时会不会更容易受到诱惑，如网上购物；你是不是会更难集中注意力，或更容易拖延？

虽然很多流行的解压方法没什么用，但有些策略的确管用。美国心理学家协会的调查发现最有效的解压方法包括：锻炼或参加体育活动、睡觉、洗澡方式、祈祷或参加宗教活动、阅读、听音乐、与家人朋友相处、按摩、外出散步、冥想或做瑜伽以及培养有创意的爱好等。

有效和无效的策略最主要的区别是什么？真正能缓解压力的不是释放多巴胺或依赖奖励的承诺，而是增加大脑中改善情绪的化学物质，如血清素、γ-氨基丁酸和让人感觉良好的催产素。这些物质还会让大脑不再对压力产生反应，减少身体里的压力荷尔蒙，产生有治愈效果的放松反应。因为它们不像释放多巴胺的物质那样让人兴奋，所以我们往往低估了它们的作用。我们之所以忽略它们，不是因为它们不起作用，而是因为当我们面对压力时，大脑一再做出错误的预测，不知道什么才能让我们快乐。也就是说，我们经常阻止自己去做真正能带来快乐的事。

根据生活的经验，当遇到悲伤、愤怒、烦躁等负面情绪时，我们往往会有破坏东西的欲望（如打碎玻璃之类）；歇斯底里状态下的人往往也会在破坏某些东西后变得平静一些。这背后的心理学机制是什么？

弗洛伊德借鉴了哲学家费希特的主张，指出心理活动存在一种"恒常性原则"：心理结构力图尽可能低地保持现在的兴奋量，或至少使之保持不变。兴奋量的升高令人痛苦，兴奋量的减低（释放）让人快乐，这种快乐原则很多时候主导了人的行为。当愤怒不能发泄，由于情绪积累让人体验到不快乐；当愤怒被发泄了，由于情绪的释放而使人感受到平静和快乐。

如果说人有一种毁灭欲望，也许你会觉得不可思议。但请你回忆一个曾经愤怒的情景，也许是跟女友争吵，也许是与老板冲突……极端情况下，你是不是恨不得把对方撕成两半？你是不是想把对方扔出窗外？你是不是想马上跟他断绝关系？幸好有理智的约束，大部分人不至于被这种毁灭冲动所掌控。但缺乏自我约束力的人，或者在酒后、被人怂恿、群体性集会等情况下，有些人难免会冲破理智。我们经常可以在新闻中看到类似的事件。

人区别于动物最大的特征之一便是对本能的充分约束。关系冲突中很重要的原则是适当地表达愤怒而不是肆意地攻击发泄，否则既会破坏关系，又会做出令人后悔终生的行为。

攻击的充分约束对于人类或个体来说均是必须的，虽然很多人在这方面做得不太好。当然，我们也不能进入另一极端，对愤怒的过度压抑。愤怒是现实生活中经常会有的情绪，但由于社会情景的制约，大量的愤怒无法被表达。事实上愤怒的压抑是导致心理症状（强迫、心身症状、抑郁等）的主要原因。因此，对愤怒加以管理是很必要的。

愤怒是导致心身症状的核心情绪，那些积攒起来的负面情绪，往往是由被压抑的愤怒转化而来的。有一个非常简洁的关于心理症状产生的模型：愿望的受挫导致愤怒的产生，愤怒指向那个让愿望受挫的他人。如果这条通路是顺畅的，那么便不会有心理症状；如果这条通路因为各种原因被阻断了，导致愤怒以及与愤怒相关的受挫愿望均被压抑了，便会形成心理症状。因此，如果能识别与宣泄那些被压抑的愤怒，觉察那个未被满足的愿望，那么心理症状（包括那些积攒起来的负面情绪）自然会消失。

以下是一些关于愤怒管理的建议：

（1）识别愤怒。自问一下：我的愤怒来自于哪里？引起愤怒的外在的或内在的扳机点在哪里？了解导致自己愤怒的扳机点有助于更好地控制愤怒，也能更好地认识自己的软肋。

（2）倾诉。有可能的话，把内心那些压抑的愤怒或不适倾诉出去，最好能找到一个人彼此吐槽。如果有亲密关系的话，可试着把这些愤怒或哀怨的情绪说出来，并要求对方不要提建议，只是倾听即可。

（3）暂时离开。当你发现自己可能会做出极端的行为，感觉到无法自控时，不妨先暂时离开。去散散步，打个电话，出去吼几声，让自己平静下来。一个人一边骑车一边自言自语地骂人，在情绪无法自控时，这种方法也不妨一用。

（4）适当隐忍。隐忍是需要的，特别在某些场合。可以把隐忍下来的愤怒找机会倾诉出来，或者通过运动来消解。

（5）想象性放松。深呼吸及想象性放松是消解愤怒的有效办法。比如，当你吸气时，想象一股清新的空气进入体内，当你呼气时，想象由愤怒转化而来的黑色气体通过鼻腔呼出。通过这种想象，充分地代谢掉内心积攒起来的愤怒。

（6）改变思考的方式。当你愤怒时，你通常会被一些夸大或生动的想法所占据（比如觉得你的老板太恶毒了），试着用更合理的想法来替代它们，或者试图远离这些想法。人不能被愤怒所掌控，否则会做出后悔的事情。当争论激烈时，不要说出脑子里冒出的第一个想法。慢下来，仔细思考，在回应时不妨认真听一下其他人的想法。

（7）改变环境。试着去发现那些会持续令你愤怒的外在环境，看看能不能采取某些小步骤改变环境或者改变应对环境的方式。在环境面前，人并非是完全无助的，良禽择木而栖，有时候改变环境便能有一个全新的状态。

（8）一个想象的练习。去回忆一个让你变得生气或失控的情景，去识别那个扳机点。然后，问一下自己：我能有不同的做法吗？将来再次遇到这个情景，我能怎么应对？比如：我是不是可以用一种合理的方式表达我的愤怒而不是一味地逃避冲突？

在职场的人际沟通领域中，最令人难以应付的往往就是沟通情绪的部分。"气你在心口难开"的状况，在工作场所其实是屡见不鲜的。

在工作中，到底该不该表达自己的情绪呢？

有些人认为万万不可，工作是为了达成目标，不是来做情绪交流的，因此优秀的工作者不该表现出内心的情绪。把情绪抛在一旁，才能理智地完成任务。更何况若是表达了某些负面情绪（如生气及沮丧等），会伤害自己与他人的关系，或者让自己显得脆弱不堪，反而造成更大的麻烦。

能控制自己的情绪，就能掌握自己的命运！

这些考虑的确都很有道理，万一情绪表达不当，的确会后患无穷。然而 EQ 专家们有着另一些更为深刻的思考角度。

（1）解决心情，才能解决事情

首先，工作的确是为了达成目标，正因如此，解决问题就成了顺利达成目标的关键。

一位成功的企业家的经验："管理没什么大学问，就是不断地解决问题。而要解决事情，你得先解决心情。"因此真正优秀的职场人绝非不带情绪的木头人，而是能善用情绪去达成目标的聪明人。

（2）情绪表达有助于缓解压力，并可增进彼此之间的了解

压抑情绪不但有害健康，往往也因此会耗费过多心力掩饰真实的感受，反而损害了工作表现。而在讲求团队精神的年代，表达情绪可增加"自我表露"（self-disclosure）的能力，促进相互的了解，培养相知相惜的团队凝聚力，也就相对地会提高工作效率。

曾经有一位主管认为一个员工一直表现不佳，直到这位员工说出他的感觉，主管才知道自己把他放错了位置，调职后，他的表现立刻呈现出来。所以，说出来会对双方都有利。

（3）情绪表达与情绪宣泄不同

许多人排斥情绪表达，是因为他们误认为所谓表达情绪，就是把心中的情绪感觉一股脑儿地宣泄出来。其实高 EQ 的情绪表达是个细致的理智过程，与粗糙的情绪宣泄可是大相径庭的。

所以只要处理得当，许多情况下，情绪表达不但不是自找麻烦的举动，反而会是解决问题的极佳策略。

那么我们该如何进行情绪表白呢？

（1）了解自己的情绪

首先得先了解自己当下的情绪状态，将心中那份模糊澎湃的能量化为具体的感觉，究竟我的"难受"是生气、失望、伤心、还是压力大呢？

接着可做进一步的分析，不妨问自己：

① "我为什么有如此的感觉？"

② "发生了什么事造成我现在的感觉？"

（2）决定是否该向对方表明

在决定如何启齿前，需要谨慎地思量跟对方表白情绪是否合适。在这个步骤需要考虑的因素包括：

①对方的特质：他的个性是否能接受？他目前的压力状况为何？是否合适在这个时间点去沟通？对方的角色是否合适接受我的情绪表达（举例而言，如果对方是客户，你跑去做愤怒的真情告白，恐怕就贻笑大方了）？

②自己想达成的目标：想想看，在开口表白情绪后，希望能达成什么目的？是让对方能尊重你，能更负责尽职？还是只因不吐不快，想教训对方？

③达成目标的可能性：知悉自己想要的是什么之后，请衡量一下状况，想想真情告白是否为最有效达成目标的方法？有没有其他更有效率的做法（例如，透过第三者，或等待更合适之时机再说，等等）？如果发觉自己只想宣泄情绪，就不要向对方开口，建议找好友倾诉。

（3）决定情绪表达的方式

如果你在考虑之后，决定要告诉对方你的感觉，接着就应该思索最佳的表达方式。先考虑"效率"的因素，沟通途径该用什么（是电子邮件、电话、面对面）？什么时间点最好（上班时还是下班后）？

（4）进行完整的情绪表达

高 EQ 的情绪表达包含以下几个要素：

①使用精确的情绪形容词：如果你说"我感觉很糟"就不够明确，若改为"我觉得生

气""我感到失望"就精确多了。

②说明原因：别忘了要明确说明导致这份情绪的缘由，以加强对方了解因果关联性，并避免被认为是在无的放矢。例如，"我会很生气你这样对我"，因果关系不够清楚；"因为我发现你跟别人说了有关我的不实消息，因此我觉得很生气"，沟通起来就会很清楚了。

③局限情绪的时间点：高 EQ 的人了解情绪状态是会改变的，并且会借由局限某个情绪影响的时间面，来成熟地看待情绪困扰。所以"我很恼火你乱说话"，就忽略了点明时间点，而"当我发现你告诉别人有关我的错误信息时，我当时觉得很生气"，就聪明地局限了时间点。

④为自己的情绪负起责任：EQ 高手不会说"你让我生气"之类的话，因为这么做是在推卸责任，把对方当成是自己情绪问题的症结，这么做既不"EQ 正确"，又容易激起对方的反感或压力，往往引发冲突。高 EQ 的说法，是把自己当成情绪的主词："我觉得很生气"。

⑤不做评论式的人身攻击："你恶意中伤我…"。只做中性的行为描述："你告诉同事一些关于我的错误消息…"如此一来既能清楚地表达自己，又能避免激怒对方，才会圆满达成此次情绪表白的最终目的。

学会了优雅的情绪告白，你会发现每个人其实都很好沟通，解决情绪困扰，再也不是工作上的难题。

第三节　工作中情绪管理案例

工作中的情绪管理，一般可以归为两大类，一类是对工作的，一类是和人相关。

第一类，对工作的负面情绪。其实相对来说，这一类情绪管理比较容易处理，往往是"定性"类的问题，就是非此即彼，非黑即白的问题。对工作的负面情绪，可能会有公司文化不合、工作不喜欢、工作没前途、活多钱少这样一些因素。

对于这类问题，不是仅仅靠一些技巧就能解决的，更多的情况是，要么忍、要么改、要么走人。要尽早明白的是，你需要这份工作大于这份工作需要你，如果觉得为学点东西或者为简历添一笔，那就要再忍一忍；如果自己心理上能调整，工作也值得，就试试调整一下；最后还发现不合适的话，越早发现不合适，就越早需要做出改变，减少沉没成本。

小 A 当年去了非常好的一家公司，这家公司也是大家都说好的那种类型，但仅仅一年就辞职。他解释自己尽力去适应调整自己，还是觉得工作和文化都不太适合自己，干脆尽早纠正，后来事实证明这个选择还是很好的，职业发展并没有耽搁。

第二类，和人相关的负面情绪。

比如老板不好伺候啦，老板分工不均啦，同事不好伺候啦，觉得同事欺负你啦。和人相关的其实处理起来，更多的是靠一些技巧，比如良好的沟通，或是怎样汇报工作比较好。

小 A 的同事 B 是个相对挑剔的人，对什么事都要评头论足一番，工作中也是。一次开大组会议的时候，对小 A 负责即将上线的项目提出了几点疑问，就小 A 的专业领域来看，有合理的部分，也有不合理的部分。小 A 自认是个谦虚的人，会后也和 B 沟通讨论，把合理的部分改了，不合理的部分如技术限制也和 B 解释了一番（虽然并不需要和 B 汇报）。改的过程也来来回回花了很多时间。

又一次组会上，回顾上次项目跟进修改时，B 又把不合理的部分重新在老板面前提了一遍，小 A 会上也就再和所有人解释一遍原因，但是 B 的态度很是傲慢，评价了一番大概类似于"这个为什么做不到，我不相信！你这是找借口"之类的话。小 A 憋得很内伤，也很气愤，已经改了很多部分而且私下里沟通过也表示理解，会上又在老板面前如此表现，最讨厌的是那种傲慢的态度。

会上还是忍了一下，没有情绪化地去回击。后来小 A 觉得 B 这种事，已经出现很多次了，如果不沟通，以后事情越来越难做，也许一个项目因为 B 这个外行的无端指责，就要多次返工，如果每次都这么去改，也不现实，也许 B 还会觉得小 A 没有原则，好欺负。

第二天小 A 约了 B 聊一聊。大致谈了四点：感谢 B 之前一些合理的建议；不合理的部分不予采纳的原因，希望 B 尊重理解小 A 在这个领域的专业性，举个例子证明自己是很专业负责的；不要有太多个人情绪，希望能好好沟通，比如不希望看到 B 傲慢的态度，让人觉得难以接受；理解 B，大家都是为了把事情做好，但是配合上还是互相信任。这件事情不要影响到合作关系。

B 虽然挑剔，但也是明事理的人，聊完之后合作好了很多，和小 A 沟通的时候也不再是盛气凌人的样子，真的问一些挑战性的问题的时候，小 A 也会拿出数据分析证明。

事后小 A 总结，面对别人的指责先不要慌张，如果被误解，就要拿出数据或是其他证据证明自己的工作是到位的，该据理力争的时候也要据理力争，不能没有底线地退让，不然时间长了，确实会常常觉得"受欺负"。

不过所有这些事情的前提，都还是要把事情做好，这是底气。专业性强的话，会挡掉很多无端的指责。专业性越强，无端指责的壁垒就越高，恰当合理地运用数据回击，工作也才能顺利开展，而不是受太多不必要的干扰。

小 A 后来是组里公认的专业性强的人，同事也越来越尊重小 A 的观点和做法，做事自由度越来越大，发挥的空间也越来越大，进入了一个良性循环。这说明，自由度是自己赢来的，争取来的，做事靠谱又专业，别人会越来越放心地把更多更重要的事情交给你。

所以说，自己强大，才能破解职场的不良情绪。

第四节 情绪管理实验

实验一

如果你正处于伤感的情绪中无法自拔，找不到生活的乐趣，请按照要求做下面的练习。

练习时间：在晚饭后或者在睡觉前，当一天即将结束的时候。

练习内容：写出这一天发生的三件好事。

具体要求：连续一个礼拜，每天晚上都这样做。当然，你所列出来的三件事可以是并不重要的小事，比如"今天中午，同事帮我带午餐"；或者是一些更重要的事情，比如"妈妈今天生日，全家一起吃饭，我很快乐"。

好事发生的事由：在每件积极事件后面，都写上自己对这个问题——"为什么这件好事会发生？"的回答。例如，你可能推测你的同事为你带午餐是因为"她很关心我"，"妈妈过生日，你很快乐"是因为爸爸夸你孝顺，所以你开心。

这个练习能够增进你的幸福感体验，并减少抑郁情绪。如果延长练习的时间，比如连续六个月，甚或将其作为日常生活的一部分，那将会对你产生长期的益处。试想，如果每天你都开心地进入睡眠，第二天也很可能同样开心地醒来。

实验二

我们经常会用"购物狂""剁手党"来称呼那些冲动消费的人。在心理学中，这样的行为被称为强迫性购物（Compulsive Buying）。

什么是强迫性购物？在正常范围内（不过度、不影响社会功能）的购物本来无可厚非。但如果：

（1）经常在没有思考自己在买什么、为什么买的情况下，就花了钱。

（2）在花钱时，根本不会去想自己还有多少钱。

（3）习惯将购物当作产生快乐，或者奖励自己的方式。

（4）想到你的某个朋友已经拥有了某样商品，你就止不住地想要拥有它。

（5）隐藏起自己买的东西和小票，在自己的真实花销上撒谎。

（6）很多买回家的东西一次都没有用过。

（7）每次买完都很后悔，但还是停不下来。

那你可能是一个强迫性购物者。

每当伊冯想感觉快乐的时候，她就会去商场。她确信，购物会让自己感到快乐。因为无论她是无聊还是心烦时，她想要的都是购物。她从来没有注意过自己购物时复杂的感受，但她接受了本周的任务，准备观察一下自己。她发现，自己最快乐的时候是在去购物的路上。开车到购物中心去的时候，她充满了希望，非常地兴奋。当她到达商场，从中心区域开始逛街的时候，她感觉非常好。但当她进了商店之后，这种感觉就发生了变化。她觉得很紧张，尤其是商店刚好比较拥挤的时候。她好像被什么催着一样迅速穿过商店，而且总觉得时间很紧张。排队等结账的时候，她注意到自己非常不耐烦，而且很焦虑。如果在她前面的顾客买了很多东西，或是在退货，她就会开始发怒。直到走到结算的地方，把信用卡递给收银员之后，她才觉得解脱了，但却没有买东西前的那种快感。伊冯意识到，前往购物中心途中感到的希望和兴奋正是驱使她去那里的"胡萝卜"，焦虑和气愤则是驱使她排队的"大棒"。她在回家途中远没有去购物时那么兴奋。

对很多人来说，这个发现会让他们对自己想做的事不满，并采取对立的做法。例如，吃薯片上瘾的人会带着怀疑的眼光打量一包薯片，晚上不睡觉也要看电视的人会把天线拔掉。但伊冯选择了一种新的策略：为了获得快乐而购物。她最喜欢去购物中心的感觉，但花钱让她觉得有压力。她打定主意不买东西，于是把信用卡放在家里，这样就不会超支了。令人吃惊的是，她从购物中心回家的时候，远比她花了很多钱时更快乐。

明智的决定，知道该如何"奖励"自己。

实验三

神经学家发现，如果你经常让大脑冥想，它不仅会变得擅长冥想，还会提升你的自控力，提升你集中注意力、管理压力、克服冲动和认识自我的能力。持续8周的日常冥想训练可以提升人们日常生活中的自我意识。

人要是没有时间去冥想，则有充足的时间去生病。"如果不会冥想，则犹如一位盲人看不见缤纷的大千世界。"这是《思生活》的作者，英国冥想保健学专家保罗·罗兰的话。

冥想是一种停止左脑活动，而让右脑单独活动的思维方式。冥想的内容以图像和情景为主，其效果是愉悦的感受。

有人说冥想就是胡思乱想，这话只说对了一半。如果胡思乱想的内容都是令人愉快的，那么它就属于冥想；如果胡思乱想的是不愉快的内容，就不属于冥想的范畴。梦想自己变漂亮就是冥想，恐惧和担忧则不是冥想。

掌握了这些基本知识，你就可以像僧人那样冥想了。

（1）仰卧在床上，手脚舒适地伸展放平，闭上眼睛，进行1分钟的缓慢深呼吸，幻想自己身处一个远离世俗的世外桃源。

（2）幻想前面是绿色的山头与辽阔的草原，清风徐徐吹来，令人有说不出来的舒畅感觉。进而放慢呼吸节奏，会感到像是飘浮于半空之中，身轻如燕。

（3）幻想仰卧在一个水清沙白的海滩上，沙细而柔软，浑身暖洋洋的，耳边响起一阵阵美妙的浪涛声，愁烦全然忘记，只让蓝天碧海洗涤身心，闭上眼睛安然躺在大自然的怀抱中。

（4）如果觉得有一股怨气积聚在胸中，就在心里幻想那是储存一切烦恼的仓库，然后深深地吸一口气，再长长地呼出，紧接着再进行几下呼气。不断重复这个动作，使假设的愁闷也随着呼出的空气而消散殆尽。

（5）幻想眼前正是日落西山的景象，在心中响起一阵悦耳的笛子吹奏声，心思被带至遥远的地方，呼吸变得又长又慢，好像慢慢地往谷底下沉，从而进入梦乡。

在我们情绪烦躁时，不妨多用冥想法，每天花不了多长时间，却可以让我们收获一天情绪的平静。冥想最好还是在一个相对安静的环境中进行，这样更容易从中得到情绪上的释放。

第五节　职场故事

朋友蒋在一家国有企业工作，工作 10 年，终于爬到了销售经理的位置。

这个职位炙手可热，当然，蒋为此付出了很多。这家工厂生产的产品是生活用品，似乎注定了蒋在这家工厂中举足轻重的地位。

大家也慢慢看到蒋在工作中的变化，蒋以前接到总经理的电话，会马上起身赶往公司。而现在，他可以一边和我们聊天，一边和总经理聊天："老总啊，我现在很忙，正在和客户谈话。"

企业改制的时候，蒋有望再进步一次升为主管销售的副总经理的，但不知哪里出了问题，蒋仍然当他的销售经理。而一个部门经理却"一步登天"成了他的顶头上司。

他的愤懑是可以想象的，到处放话说不想干了。最后董事长找他谈话，让他安心工作，董事会会考虑他的。但时间过去多日，董事会没有带来任何好消息，他原有的许多权益反而被取消了。

一怒之下，蒋辞职了。之前，他告诉同事，公司会挽留的，因为他们再也找不到一个合适的销售经理。但现实却是，蒋在提出辞职的时候，董事长并没有多大惊讶，只是要他仔细考虑一下。蒋说已经考虑好了。董事长说下午给他答复。过了三个小时，董事长打电话给蒋："请办好离职手续。"

蒋就这样离开了。他想看公司产品销售不出去的笑话，但事实又一次彻底回击了他。公司产品仍然源源不断地发往外地，他的离去没有给公司造成任何影响。他企图拉拢他的那些商人朋友，却没有一个人理睬他。因为他们是商人，他们以利润作为自己的终极目标。

维持一家公司正常运转的不是某个人，就像一台十分复杂的机器，需要许多部件配合。当自己做出一番成绩的时候，不要忘了配合自己的许多"零部件"。对于一台机器而言，每个部件似乎都不可缺少，但不要忘了，寻找一个部件重新让机器运转起来，那是一件十分容易的事。

本章小结

人们总是希望别人喜欢自己，但却唯独忽略对自己的喜爱。实际上，自己才是自己最好的聆听者和激励者，只有自己才是真正与自己形影不离的人。如果要求别人喜欢自己，那么自己就应当先爱自己，学会欣赏，聆听自己。

我们要懂得心胸开阔对于情绪管理的重要意义。很多时候，情绪的改变和外界无关，只是由于自身心境的变迁，"心中有快乐，所见皆快乐"。当我们微笑时，任何的不愉快或不自然的感觉都在自己心中趋向静止和平衡。向别人微笑时，你是在以一种巧妙而高尚的方式向别人袒露你喜欢他的心迹，他会理解你的意思而去加倍喜欢你。微笑的习惯，带给我们的是完美的个人形象和愉快的生活环境。若以宁静而无杂念的心去看世界，虽然它并没有变样，我们却能享受到那份平淡中的永恒。

课余训练

专心呼吸是一种简单有效的冥想技巧，它不但能训练大脑，还能增强意志力。它能减轻你的压力，指导大脑处理内在的干扰（如冲动、担忧，欲望）和外在的诱惑（如声音、画面、气味）。新的研究表明，定期的思维训练能帮人戒烟、减肥、戒毒、保持清醒。无论你"要做"和"不要"的是什么，这种5分钟冥想都有助于你增强意志力。

1. 原地不动，安静坐好

坐在椅子上，双脚平放在地上，或盘腿坐在垫子上。背挺直，双手放在膝盖上。冥想时一定不能烦躁，这是自控力的基本保证。如果你想挠痒的话可以调整一下胳膊的位置，腿交叉或伸直，看自己是否有冲动但能克制。简单的静坐对于意志力的冥想训练至关重要，你将学会，不再屈服于大脑和身体产生的冲动。

2. 注意你的呼吸

闭上眼睛。若是怕睡着，你可以盯着某处看，例如盯着一面白墙，但不要看家庭购物频道。注意你的呼吸，吸气时在脑海中默念"吸"，呼气时在脑海中默念"呼"。当发现自己有点走神的时候，重新将注意力集中到呼吸上。这种反复的注意力训练，能让前额皮质开启高速模式，让大脑中处理压力和冲动的区域更加稳定。

3. 感受呼吸弄清自己是如何走神的

几分钟后，你就可以不再默念"呼""吸"了。试着专注于呼吸本身，你会注意到空气从鼻子和嘴巴进入和呼出的感觉，感觉到吸气时胸腹部的扩展和呼气时的胸腹部的收缩，不再默念"呼""吸"后，你可能更容易走神。像之前一样，当你发现自己在想别的事情时，重新将注意力集中到呼吸上。如果你觉得很难重新集中注意力，就在心里多默念几遍"呼"和"吸"。这部分的训练能锻炼你的自我意识和自控能力。

刚开始的时候，每天锻炼 5 分钟即可。习惯成自然之后，请试着每天做 10 ～ 15 分钟。如果你觉得有负担，就减少到 5 分钟，每天做比较短的训练，也比把比较长的训练拖到明天好。这样，你每天都会有一段固定的时间冥想，比如早晨洗澡之前。如果做不到，可以对时间进行适当的调整。

第五章

环境对个体的影响

第一节 情境导入

你会被环境干扰吗？相信很多人都会说"不"。那么想一想这种情况：你去买某种饮料，正好超市里在进行其他品牌饮料的促销活动，售货员的笑容甜美、言辞亲切，最终都会让你选择她所卖的饮料。相信这样的事情每个人都经历过。

米琪和露丝是好朋友，她们一同毕业又一起去找工作。米琪很快找了一份工作，但这个工作环境的气氛不是很好，同事之间从不聊天，态度麻木冷漠，甚至连见面都懒得点点头打声招呼，但米琪丝毫没有受到环境的干扰，她从第一天上班开始，就亲切地与每一个人打招呼，即使对方对她不理不睬，她也丝毫不在乎；她每天给办公室中的小花浇水，热心地帮助每一个人。慢慢的，整个工作环境在她的"精心调理"下改变了，整个环境由冷漠变得温馨，再不是开始时那种冷冰冰的样子了。而米琪也被提升为部门经理，带领整个部门的同事，一同创造了更好的业绩。

露丝同样找了一份新工作，但她对待环境的态度与米琪不同。她周围的环境也很糟糕，但她选择了随波逐流。原本开朗热情的她此时却同周围的环境融在了一起，变得冷漠、麻木，她总觉得是这种环境干扰了她，却不知道该如何应对整个环境。渐渐的，她的心头蒙上了一层乌云，业绩也越来越差，甚至还把这种坏情绪带回家，让家庭的氛围也跟着变得灰暗低沉。

为什么同样的环境，同样热情开朗的两个人，最后却变得如此不同呢？原因就是环境的干扰！其实在生活中，很多人都会经历米琪与露丝的转变过程。有的人可能同米琪一样，外界如何改变，也丝毫影响不了自己的判断，因此才会积极乐观地对待每一天；但有些人不知道该如何掌握糟糕的环境，就变得和露丝一样，最终被环境所干扰，让原本快乐开朗的自己变得消极低沉，甚至还给家庭带来负面的影响。

第二节　环境对个体影响概述

环境包括自然环境和人文环境。自然环境对人的影响不言而喻,当人们生活在风和日丽、山清水秀、风光优美的自然环境中,就会神清气爽、宠辱皆忘;而当生活于噪杂、污浊的环境之中时,必然心浮气躁、精神异常。自然环境对人的影响很直接,表象也很直观。

人文环境是在大环境下人与人的交流习惯而形成的一种环境。它对人的影响是潜移默化,不易觉察的,但这影响极其巨大,直接关乎一个人的品行、学识和前途等。所谓的择邻而居就是最有力的佐证,历史上最有名的当数孟母择邻而居。孟子小时非常聪明,经常模仿送葬人吹喇叭,孟母担心他荒废学业就把家搬到城里,刚好旁边是个屠宰场,孟母只好又搬到一所学校附近,从此孟子开始学习而成为一代思想家。

还有这样一句话说得很明白:在寂静中生活将寡言孤独,在缺乏温暖中生活将会冷漠,在忍耐中生活将学会容忍,在埋怨中生活将学会责备,在偏爱中生活将学会嫉妒,在适当表扬中生活将学会自尊,在鼓励中生活将学会自信,在羞辱中生活将学会自卑,在打骂中生活将学会暴躁,在过于表扬中生活将学会自负,在平等中生活将学会公道。

一座城市、城市里的一个小区都有自己的文化,什么样的文化氛围,就有什么样的人文素质,这些人文素质是不可仿造的,它的精神实质独一无二,而正是这些掌控着那个地方的发展命脉。

电视剧《亮剑》中的主人公李云龙说得好:"兵熊熊一个,将熊熊一窝,即使我(李云龙)哪天牺牲了,独立团照样是好样的,因为我的精神还在!"这句话说明,在李云龙带领下所形成的团队人文环境,有一种勇于拼搏的精神。一个团队如果没有一种核心精神,这个团队一定不会有战斗力。公平的团队有责任心和事业心,自私的团队自我意识膨胀,而一个颓废的团队注定会消亡,个人生活在这样的团队很难有前途。

物以类聚、人以群分，这得到了共识。看一个人有多大的前途，看看他周围人的成就就可看出个大概，看一个人的素质如何，看看他周围人的素质就可明了。但是，在这里我要说的，聚到一起的不一定就是一类，由于生活的需要，也许你不得不居住在恶劣的环境；由于工作的需要，你不得的不与小人在一起，种种需要，往往让你所处的人文环境不尽人愿。处于这样的人文环境下，你是被同化还是独善其身？这得看个人的定力。

只要有一个清醒的头脑，独善其身还是不难做到的。人都是明白人，对自己周围的环境都会有所认识，谁真谁假，谁优谁劣心里都有数，至于被周围环境所影响、被同化，一是对环境的影响没有引起足够的重视，再就是，心里有所需求，怕被孤立而随波逐流。

生活于优良的环境是己之幸，生活于恶劣的环境当然就是不幸了。幸与不幸，还是要靠自己去掌控。事物有转化，个人素质不高，在优良环境下也许更难生存；个人素质高，在恶劣环境也能独善其身。

环境对个体发展的影响表现在以下 3 个方面：

（1）环境为个体的发展提供了多种可能，包括机遇、条件和对象。人生活在不同的环境中，不同环境中人的发展也有很大区别。但个体对环境的作用也不是消极的，处在同一小环境中的个体，其发展水平也不会完全相同。个体对环境持积极态度，就会挖掘环境中有利于自己发展的因素，克服消极的阻力，从而扩大发展的天地。所以教育者不仅要注意为受教育者的发展提供较有利的条件，更要培养受教育者认识、利用和超越环境的意识和能力。

（2）环境对个体发展的影响有积极和消极之分。对于教育者来说，分析、综合利用环境因素的积极作用，抵制消极影响是极其重要和困难的工作。教育需要研究如何既保持校园小环境的有利条件，又积极加强与社会的联系，充分利用社会的有利教育力量。

（3）人在接受环境影响和作用时，也不是消极的、被动的。因为人具有主观能动性，人能改造环境，人在改造环境的实践中发展着自身。因此，夸大环境对人的发展的作用是错误的，环境决定论的观点更是错误的。

人们面临的压力越来越大，办公室人的心理卫生也成了一个不可忽视的问题，而且日趋严重。当你每天走进办公室时，不知你是否会发现，有很多因素在影响着每一个人的情绪，进而影响到工作的质量。

如果人们走进办公区时的情绪是积极的、稳定的，就会很快进入工作角色，不仅工作效率高，而且质量好；反之，情绪低落，则工作效率低，质量差。如果在办公区内工作人员善于调节与控制自己的情绪，就会充满活力，工作卓有成效。

在日常工作中，人际关系融洽非常重要。同事互相之间以微笑的表情表现友好、热情、温暖，以健康的思维方式考虑问题，就能做到和谐相处。工作人员在言谈举止、衣着打扮、表情动作中，均可体现出健康的心理素质。

在办公室里接听电话，也能表现出工作人员的心理素质与水平。微笑着平心静气地接打电话，会令对方感到温暖亲切，尤其是使用敬语、谦语，收到的效果往往是意想不到的。不要认为对方看不到自己的表情，其实，从打电话的语调中已经传递出你是否友好、礼貌、尊重他人等信息。

办公室的干净整洁、物品井井有条也会直接影响到员工的情绪。

总之，办公室内如果存在"心理污染"，某种意义上比大气、水质、噪声等污染更为严重，它会打消人们工作的积极性，乃至影响工作效率、工作质量。

高空作业向来被视为一项艰巨且危险的工作。人们常认为高空作业的职业危害主要是从高处坠落造成伤残、死亡，然而高空作业还会造成精神压力，由此带来的危害也不能忽视。

这是因为，人离地面愈高，愈易产生害怕坠落摔伤、摔死的紧张心理，尤其是当从高处向下看时，心情更加紧张，甚至产生恐惧心理，此时更容易发生失误行为。其次，人们处于紧张状态时，神经系统会发出信号，促使肾上腺素分泌量增加、心跳加快、血管收缩、血压升高。当从高处回到地面后，紧张的心情得到缓解，脉搏、血压才会逐渐恢复到原有水平。但若长期从事高空作业，尤其是二级以上的高空作业，所引起的精神紧张就会长期得不到缓解和消除，由紧张引起的血压升高也会得不到恢复。因此，这种行业的人群中，高血压发病率随工龄增长而明显增高。此外，长期精神紧张还会引起消化不良和身体免疫功能下降，患病毒性上呼吸道感染的机会增多，为对照人群的 3～5 倍。

长期居住在高层住宅的人们，也会受到一定的心理影响，进而影响到居住环境的整体质量。

提到"污染"二字，人们一定会想到环境污染。的确，我们所处的环境会受到各种工业的污染，但是，在现今社会中，除了环境污染，还有一种污染也在全球疯狂地肆虐，那就是精神污染。

有人认为，一切外部的环境污染都是由精神污染造成的，如果没有那么多的利欲熏心、损人利己、目光短浅等精神上的毒素，环境就不会受到越来越多的伤害。随着生活压力、职场压力的增大，越来越多的人染上了这种"精神毒素"：在家里，把家人的嘱咐当成唠叨，把伴侣的关心看成监视，把孩子的淘气当作吵闹；在公司，与同事之间小小的误会、偶尔受到的不平等对待、被分配了自己不喜欢做的事情等，都会让他们心里感到不快。

为了让学生们获得内心的平静，从 2011 年冬季开始，斯坦福大学新设了少林功夫课，专门请来少林寺的师傅执教。该项目经理杰莉·菲曼说，开办功夫班的目的是透过练功促进学员们身心的健康与平衡，因为少林功夫的精神包括慈悲、和谐、勤奋和包容，不推崇好勇斗狠。这样的功夫除了可以用于自卫，还可增强练习者的健康和精神面貌。

现在很多人已经开始重视精神污染的问题，想要从心灵层面开始改善自己的精神和生活状态。建立起"内在生态"，即净化我们的内在，让内心产生淡定的力量，为自身建立起一个屏障，并且充分发挥其作用，将精神污染物从心中剔除，从而达到一种内外平衡的状态。用淡定的心接受世间的一切事物，好的、坏的、顺心的、违愿的，然后再将它们在安静祥和的能量场中过滤成最美好的样子，这样你才能真正地消除精神的污染。

第三节　环境对个体影响案例

波利菲尔大桥是伦敦泰晤士河上的著名建筑。波利菲尔大桥的出名不是因为它的造型优美、历史悠久，而是因为关于它的离奇传说：忧郁的人纷纷选择在这里自杀。

由于自杀行为屡禁不止，波利菲尔大桥引起了伦敦议会的注意。议会请皇家医学院的研究人员帮忙解决问题。皇家医学院给出的解决方案让所有人意外：只要把桥身漆成绿色的即可。

这个方法看起来如此奇特，可事实证明它的确是有效的。桥身被漆成绿色之后的那一年，从波利菲尔大桥自杀的人数比往年减少了一半。

为什么会出现这么奇特的现象呢？

原来，波利菲尔大桥本是黑色的，在波涛滚滚的泰晤士河上，这座黑色的大桥让人联想到黑暗、压抑、严肃。来到这座大桥上，原本情绪不错的人都会觉得压抑，那些本来就悲伤、抑郁的人接受的心理暗示更为严重，种种忧伤的往昔、一件件的伤心事如潮水般从心底涌起，由此产生了结束生命的念头。重新油漆过的波利菲尔大桥是绿色的，绿色让人感觉轻松、自然，感受到勃勃的生机，散发出生命的活力，悲伤、烦闷等情绪会被绿色一扫而空，想自杀的人自然就少了。

同样的事情，在日本也发生过。

日本的新干线举世闻名，仅仅"山手线"每天就有 800 万乘客在使用。新干线的跳轨自杀事件时常发生，2008 年有近 2 000 名日本人选择在新干线自杀，占日本全国自杀总人数的 6%。2008 年 3 月到 2009 年 3 月，仅东京一地，就有 68 人选择在铁轨上结束生命。

由于这类悲剧频频发生，东京新干线开始使用种种方式阻止自杀行为，其中之一就是在站台尾部安装蓝色的灯。蓝色能放松人的神经，调节人的情绪。日本"颜色心理学协会"的专家高桥水树说过："我们可以联想一下天空和海洋的颜色，它们都可以让一个激动不安或者执迷不悟的人逐渐冷静下来。"新干线管理部门希望蓝色灯光能使想要自杀的人打消结束生命的念头，产生对生命的渴望。

自杀者一般会选择在站台尾部跳下，所以蓝色灯都安装在了这个部位。这些灯与普通的灯不同，是蓝色 LED 灯，比普通的灯光亮更强，更能引起自杀者的注意。

科学研究表明，颜色对人类的心理与生理都会产生很大的影响。人的眼睛看到不同的颜色，这些颜色会由视神经传到大脑神经中枢，带来不同的反应，人因而产生不同的感受。绿色让人感到清凉爽快，蓝色使人安静、产生困意，红色使人热情，白色使人冷静。一般来说，红、橙、黄等暖色会令人变得兴奋愉快，有活动的冲动，从而促进人体新陈代谢；绿、蓝、靛、紫等冷色则会使人心情趋向安静，产生安闲、静谧、温柔的感觉。

色彩对心理、情绪的影响，以及对我们思维的干预，不仅可以在这种"非常事件"中加以利用，在日常生活中也能广泛使用。利用颜色，我们可以在一定程度上帮助自己调节情绪、缓解压力与精神困扰。尤其是供人们休息的居室中，颜色的合理使用更是起到非常大的作用。

有一个有趣的现象，人们上班以后和很多从小玩到大的老乡关系越来越淡，倒是和一些不在一个城市的朋友关系很好。其中有一个重要特点，这些玩得好的人往往是同一个生活节奏的人。所以，有学者不太赞成在家办公这种模式。真正办过公司的人都知道，让新员工在家办公而不是集中到办公室管理，不但不会产生工作效率，往往还可能毁了一个人的职业生涯，因为他会养成很糟糕的工作习惯。

绝大部分人离开环境的约束就一无所成。想享受自由的生活前提是你自己为自己选择了某种有控制的生活。所以大家可以理解为什么考研时那么多人会去报考研班，一是需要同伴环境，二是也需要上课的环境。没有这个环境，他们无法约束自己的行为。

第四节　环境对个体影响实验

美国心理学家穆勒尔和他的助手曾做过一个有趣的实验，证明许多人在自己的会客厅里谈话比在别人的客厅里更能说服对方。由此表明，人们在自己熟悉的地方与人交往容易无拘无束，可以灵活主动地展现或推销自己，有利于社交的成功。

在别人熟悉而自己不熟悉的地方交往，我们很容易产生莫名其妙的不安和恐惧，难以洒脱自如，自然处于劣势。这就是为什么经人介绍相亲的时候，两人初次见面往往喜欢选择在自己的"领地"内进行，而不愿在对方的"地盘"内进行。

既然在与人相处时，双方的位置很重要，我们就应该学会在交际中多营造对自己有利的条件。具体来讲，可以参考以下要点：

（1）相距50厘米能给对方留下好印象。要使对方对你产生好感，与谈话者应保持理想的距离。谈话的距离较近，能制造一种融洽的气氛，消除紧张情绪。最合适的距离就是一方伸出手即可够到另一方的手，即50厘米左右。如果你想在社交中尽快打开局面、适应环境，那么，每次与人打招呼或谈话的时候，要注意尽可能地把距离拉近一些。

当然，拉近距离并不是亲密无间，特别是在与上级或女性打交道时，不能冒昧莽撞，不然会引起对方反感，以为你没有规矩或用心不正，反而弄巧成拙。

（2）对初次见面的人，采取立于旁边的位置，能较迅速地建立亲近感。初次见面，和人面对面地谈话，是一件不好受的事。因为两人之间的视线极易相遇，导致两人之间的紧张感增加。而立于旁边的位置，则不必一直注意对方的视线，因而容易轻松下来。另外，在室内放一盆花，使对方有转移视线的对象，效果会更好。

（3）坐椅子时，浅坐的姿势会令人产生好感。交谈时，如果对方深深地坐在沙发或椅子上，甚至上半身靠在椅子上，那么说明他根本没有专心听，缺乏诚意。相反，如果浅坐在椅子前端二分之一处，就会使人产生好感。因为这种姿势可使上半身自然地向前倾，因而成为最佳的交谈姿势。此外，像这种随时可由椅子上起立的姿势，还会给对方留下积极活泼的印象。

（4）黑暗有助于人们交往。在光线暗的地方，人们比较容易亲近。心理学的实验也表明，黑暗是人们亲密起来的保护伞。人们聚在黑暗中，因减少了戒备而增加了亲近感，便于双方沟通。同时，在黑暗中，对方难以看清自己的表情，也容易产生一种安全感。这样，彼此间的对立情绪就会大大减少。当你想与他人建立一种亲密关系的时候，就应尽量请他们到酒吧、俱乐部、咖啡厅等地方去。

当然，最佳位置是有条件的、辩证的、可以变化的。在自己熟悉的地方交往，在一般情况下是有利的，但若对方是老人、长者、女士等，让他们屈身就己，恐怕于情于理都说不过去。相反，倘若听凭他们选择，自己前往他们的地盘，则更能体现对他们的照顾、体谅和尊重，这样做本身就极有利于社交的成功。

总之，地点是与交往的目的密切联系的，两者相符方能收到最佳效果。高级宾馆、豪华客厅是招待高级宾客的好去处，而花前月下、幽静隐蔽之地是谈情说爱的理想场所，办公事在单位为宜，办私事则到家里为上。因事而定，随事而变，才是明智的选择。

第五节　职场故事

那一年，A力挫群雄，以绝对优势应聘到一家台资公司任人事助理。一开始，A便全身心投入到工作中，而且自我感觉良好。可是没几天后，这种新鲜感及喜悦之情便荡然无存了。A不时有逃离监狱又进牢房的感觉：时间太紧，事务繁忙，没有一点自由空间，公司规定又多。以前在港商公司懒散惯了，一下子无法适应这种环境。更要命的是，公司有三个经理，每件事都要向他们一一汇报，否则，另一个经理问起来，一定有你好受的。

就在这个节骨眼上，A犯了一个错误。台商协会通知总经理下午二点开会，当时总经理不在办公室，A便向另一个经理作了汇报。也许那经理是事不关己，高高挂起的心态，没有转告总经理，结果总经理没有接到开会的通知。第二天早上，总经理狠狠责备了A：这点小事也做不好？

A何曾受过这等窝囊气？咱惹不起还躲得起呢。A拉开抽屉，拿出了辞职书，龙飞凤舞地写着，准备送给总经理。

总管刘生拦住了A，并拿走A的辞职书，锁进他的抽屉里。因当时他是A的顶头上司，A也不好再说什么。

刘生抽了一根烟，眯起眼睛，意味深长地对A说：傅生，我知道你是能胜任这份工作的，也许他们错怪了你，你可以走人，找工作还不容易？但你不可以现在就走，你要是现在就走的话，那不是证明了你没有工作能力，是因为自己做不好，让别人炒了鱿鱼？我跟你说，失去一份工作并不可怕，可怕的是好好的又背上一个不能胜任的罪名。不如做好最后一天吧，让他们满意了你再走。到时候你走了是你炒了他们，而不是他们炒了你，别人也会说你有骨气。你说呢？

A细想一下，还真那么回事，便听从了刘生的劝告，忍住心中的愤懑，决心做好最后一天再走。

可是，第二天，A又出了个差错，把经理要批阅的文件送到总经理的案上。经理说A做事不细心，马大哈。

第三天，一份发给台北的传真打错了一个字，另一个经理说A太马虎，那个字要是款项的数字，公司损失不就惨了？重打！

第四天，经理要 A 通知各部门主管到办公室开会，A 又把五金部的主管给通知漏了，总经理又毫不客气地数落他一番……

A 清楚地记得，那是第十二天，A 早早就做好了准备，当天的工作有条不紊地进行着。那天，总经理也好，经理也好，他们交代的事情 A 都一一不漏地按时完成。临下班时，一切总算平安无事了。就在这个时候，总经理把 A 叫到办公室，笑着对 A 说："做得不错嘛，年轻人就要这样，迅速改正错误，适应新的工作环境。其实呢，你很有悟性，照这样下去，前途无量啊！好好做，公司不会亏待你。"

下班后，A 找到了刘生，告诉自己已做好了最后一天，总经理还夸了我。刘生听完 A 的话，依然眯起眼睛说，你想要回那张辞职书吗？A 笑着点点头。他也笑了，笑得有点狡诈：你能做好这一天，你就不能再做好下一天，再下一天，再下下一天……你已经能胜任这份工作了，干吗还要辞职？……

A 又听从了刘生的话，终于没有辞职。工作中，每一天都让自己当成是最后一天。如今，A 还在这家台资公司做，而且在刘生走后，升任到行政主任，工作也越来越顺心了。

后来 A 仔细一想，恍然大悟了：上了刘生的"当"了！能做好最后一天，为什么还要走？把每一天当成是你在这个单位的最后一天，并把这一天做好，你就不会觉得他们是在故意刁难你了。同时要意识到自己不足的地方，而努力改进。当这一切都不复存在时，你已经是个充满自信的人，这样，你还辞职干吗？

本章小结

每个人都生活在各种各样的环境之中，但不是每个人都能很好地掌控周围的环境，这就需要我们用心去发现、去寻找解决周围环境问题的方法，而不是一味地认同它，最终被它干扰自己的思想与判断。那些哀叹生活坎坷的人，常常是被自己的心智迷惑了。其实生活并没有欺骗你，只是你不能看透生活的巧妙安排。相信只要你能安定自己的身心，不受外界干扰，就能拨开迷雾，重新踏上幸福与希望的旅程。

其实，环境的好坏与人们的生活有着直接的关系，如果环境中的负面能量过于强大，即使你的态度再坚定，也必然会受到它的影响。因此，以把持住自己为前提，逐步地改善周围的环境，这样才能在一个良性的环境中健康地成长。

课 余 训 练

明天和今天毫无区别！

行为经济学家霍华德·拉克林（Howard Rachlin）提供了一个有趣的技巧，帮助人们克服这种"明日复明日"的想法。当你想改变某种行为的时候，试着减少行为的变化性，而不是减少那种行为。他已经证明了，如果让烟民每天都抽统一数量的香烟，那么他们的总体吸烟量会呈下降的趋势。即便研究人员明确告诉他们，不用试着减少吸烟量，但情况也是如此。拉克林认为，这种方法之所以有效，是因为这会打破吸烟者通常会有的"明天会有所改变"的依赖心理。这不仅意味着今天抽了烟，还意味着明天会抽烟，后天会抽烟，以及每天都会抽烟。这就给每根烟增加了意义，也就让人更难否认多吸一根烟带来的危害。

这一周就试着用拉克林的方法迎接自己的意志力挑战吧，试着逐渐减少行为的变化性。把你今天做的每个决定都看成是对今后每天的承诺。因此，不要问自己"我现在想不想吃这块糖？"而是要问"我想不想在一年里每天下午都吃一块糖？"或者，你明知道应该做一件事情却拖延不做时，不要问自己"我是想今天做还是明天做？"，而是要问自己"我是不是想承担永远拖延下去的恶果？"

第六章

欲望控制

第一节　情境导入

因为工作的缘故，王总每年都要去美国。他曾遇到一对夫妇，大儿子 12 岁生日，送给他一台割草机作礼物，儿子用它为邻居修剪草坪赚了 400 美元，他用这笔钱买了耐克公司的股票，不到 10 天就赚了 80 美元。9 岁的弟弟受他影响，用自己送报赚的钱买股票。这件事对王总启发很大，中国的家长总是教孩子学习，很少在他们面前提钱，更不用说教他们赚钱了，这大概就是中美文化与教育的差异吧。王总不否认中国的基础教育好，王总决定中西合璧，对女儿进行财商教育。

国庆长假，王总带女儿去看画展，旁边展厅正举行拍卖会。他灵机一动：拍卖场是比较锻炼人的地方，对手就在眼前，一锤定乾坤。没有过多时间思考，也没有回旋余地。他向女儿简单讲解一下竞拍规则，然后带她去参加。

女儿选了一位音乐家收藏的塔罗牌，她很崇拜那位音乐家。王总告诉女儿，"这种塔罗牌正常售价 20 元，因为是收藏品，有感情和历史，你愿意为你的感情和它的历史多支付多少呢？"女儿想了想，说"愿意付 100 元。""那好，100 元加上原来售价 20 元，就是你的最高出价，也是底线，超过这个就放弃。"

随着拍卖师槌响，竞拍开始了。女儿开始举牌。王总坐在她旁边，感觉出她很紧张，生怕别人和她竞价。他环视了一下周围，竞拍者还不少，对手并没因为她是孩子而放弃。已经加价到 100 元了，女儿有些负气，小声嘀咕了一句："糟了，快到了！"

王总一听，坏了，这是拍卖中最忌讳的，把自己底牌亮出来了。于是，王总用胳膊肘碰了她一下，她意识到自己说错话了，但已无力挽回。塔罗牌一路上涨，冲过 120 元底线，女儿还想举牌，王总抬手制止了她。

走出拍卖厅，王总安慰情绪低落的女儿："你虽然没得到那副塔罗牌，但你今天学到的东西比这副牌更有价值。首先，人的欲望是无止境的，你今天学会为欲望设定底线，这很好，很多人失败就是没控制好底线，成了欲望的奴隶。其次，输不要紧，关键要知道输在什么地方。你今天犯了两个技术性错误，一是让对手看出自己经验不足；二是不该说那句话，把底牌亮给人家，这是商场大忌。其实，很多时候，竞争者水平不相上下，最终谁能获胜，取决于心态。拍卖会是一个浓缩的社会，参与者都是你的竞争对手，你要想办法战胜他们。"

女儿冲爸爸笑了笑，脸上的表情还是有些失落。王总问她，"如果塔罗牌主人不是那位音乐家，你还会这么喜欢吗？"她摇摇头，王总说，"你以前不是总问我，什么叫产品附加值？这就是。其实人也一样，你现在和班上同学站在同一起跑线，但十年后你们的位置就不一样了，你的社会地位、生活质量，取决于你的附加值——知识储备、工作经验和创新能力。其实这副塔罗牌，爸爸完全可以买下来，作为礼物送给你，但我希望你凭借自己的能力得到它。因为在这个过程中，你成长了。有收获，这是我今天送给你的最好礼物。"

现今的社会是一个科技发达、物质丰富、充满竞争的社会，我们心中的欲望，常被挑逗得像看见红色斗篷的斗牛；他人暴富的经历，更让我们血脉偾张，跃跃欲试；时尚名牌漫天飞，哪能心如止水；美女香车招摇过市，我们的心早已蠢蠢欲动；更不能忍受的是别墅洋房的诱惑……太多的时候，我们被世上的名利、金钱、物质所迷惑，心中只想得到，只想将其统统归于自己，而不想舍弃，更舍不得放下。于是心中就充满了矛盾、忧愁、不安，心灵上就会承受很大的压力，以至于活得好累好累。

第二节　欲望控制概述

世界上充满了能带来刺激的东西。从饭店的菜单的直邮广告，到各种彩票和电视与网络广告，这些刺激给大脑奖励的不是直接的快感，而仅仅是承诺会有快感，让人们去追寻对快乐的承诺。这时候，我们的大脑就会对"我想要"的东西深深着迷，而说"我不要"就会变得更加困难。这就是现在神经科学家称为"奖励"系统的东西，即奖励承诺。

2001 年，斯坦福神经科学家布莱恩·克努森（Brian Knutson）发布了一份具有决定意义的实验报告，证明了多巴胺会促使人们期待得到奖励，但不能感觉到直接奖励时的快乐。他证明了多巴胺控制的是行动，而不是快乐。奖励的承诺保证了人们成功地行动，从而获得奖励。当奖励系统活跃的时候，他们感受到的是期待，而不是快乐。任何我觉得会让自己高兴的东西都会刺激奖励系统，例如令人垂涎的美食、咖啡的香味、商店窗口半价的招牌、性感的陌生人的微笑，还有承诺会让你变得富有的商业广告。大脑正是靠对快乐的承诺，让我们不停地为生计奔忙，而不是让你直接感受快乐。2005年，28岁的韩国锅炉修理工李承生在连续50个小时奋战"星际争霸"之后死于心血管衰竭。

手机、互联网和其他社交媒体无意中激活了我们的奖励系统，但电脑和电子游戏的设计者是有意控制了人们的奖励系统，让玩家上钩。"升级"和"获胜"随时可能出现，这样激发了人们的兴趣。这也是人们很难戒掉游戏和网瘾的原因。

当奖励的承诺释放多巴胺的时候，你更容易受到其他形式的诱惑。斯坦福大学的市场营销学研究人员证明了，食品和饮料的样品让购物者更饥饿、更口渴，并产生"寻找奖励"的心态。因为样品包含了两个最大的奖励承诺——免费和食物，如果发放样品的人很有魅力，那就是第三个承诺了。

欲望是指对能给以愉快或满足的事物或经验的有意识的愿望，强烈的向往。它能刺激人的奖励系统。人人都有欲望，都想过美满幸福的生活。但是，如果把这种欲望变成不正当的欲求，变成无止境的贪婪，我们就成了欲望的奴隶。我们所拥有的东西不是越多越好，凡事要适可而止。懂得适可而止，欲望会带给你快乐；不懂得适可而止，欲望只能成为你的包袱。

世间最珍贵的不是"得不到"和"已失去"，而是此刻就能把握的幸福。让你的目光聚焦于当下的生活，发现它的美，并满足于你所拥有的，你就会感到幸福，会怀着一颗感恩的心拥抱生活。

　　人生之中，你多少会遇到一些陷阱，而这些陷阱之中，最为可怕的一种是你亲自挖掘的。因为贪心，你忽略了你的缺点，不顾一切去满足你的欲望。这时，即使危险摆在你面前，你也无法理会、避让，贪心遮住了你的双眼，使你无法看到危险的存在。

　　其实，人生究竟是黑白的还是彩色的，只在于你如何看待它。我们一旦习惯关注人生的黑暗面，就会刻意去寻找黑暗的那一面，而忽略掉光明的一面，自然就会被消极的情绪所包围。多计算一下自己已拥有的，我们会发现每个人都是富人。

　　在中国的人文精神里，是轻"物质"而重"精神"的，即古人所说的"人禽之辨"。但到了21世纪，世界似乎发生了颠倒性的变化，到处充斥着一种共同的东西，那就是欲望：权利的欲望、金钱的欲望、性的欲望、破坏的欲望、毁灭的欲望……欲望铺天盖地，欲望为王，主宰和控制着我们、支配着我们，令我们身不由己，同时，我们在被物化、被异化，在背离人生意义的道路上越走越远。

　　佛家劝解世人："饥则食，渴则饮，困则眠。"现世的人却不是饥则食，不渴而饮，不困则眠，而是争先恐后，贪婪地追逐金钱要比别人多，汽车要比别人高级，住宅要比别人豪华……

　　俄国作家托尔斯泰写过一篇故事：

　　有个农夫，每天早出晚归地耕种一小片贫瘠的土地，但收成很少。一位天使可怜农夫的境遇，就对农夫说，只要他能不断往前跑，他跑过的所有地方，不管多大，那些土地就全部归他所有。

　　于是，农夫兴奋地向前跑，一直跑、一直不停地跑！跑累了，想停下来休息，然而，一想到家里的妻子、儿女，都需要更大的土地来耕作、来赚钱，所以，他又拼命地再往前跑！真的累了，农夫上气不接下气，实在跑不动了！

　　可是，农夫又想到将来年纪大，可能没人照顾、需要钱，就再打起精神，不顾气喘不已的身子，再奋力向前跑！

　　最后，他体力不支，咚地倒在地上，死了！

　　古代波斯诗人萨迪曾说过："贪婪的人，他在世界各地奔走。他在追逐财富，死亡却跟在他背后。"的确，人活在世上，必须努力奋斗；但是，当我们为了自己、为了子女、为了有更好的生活而必须不断地"往前跑"、不断地"拼命赚钱"时，也必须清楚地知道有时该是"往回跑的时候了"！

　　贪婪总是幸福的大敌。要想真正获得幸福，就要学会淡定，学会知足。如果你能接受自己所有的缺憾，接受不完美的生命，那么你就能更快乐地活着。

　　可以试想一下，当别人在否定你的时候，为什么你会有一种难以言喻的不快？当别人指责你引以为傲的想法是一个愚蠢的主意时，为什么你会有本能的抵抗？我们潜意识里更倾向于站在自己的角度上去看一个问题，当你有一个想法产生的时候，意味着你或多或少都站在"这个想法是正确的，哪怕它并非无懈可击，哪怕它还需要完善，但是它是正确的"这样的立场上。这种"以自我为中心"的意识无可厚非，也是可以理解的，因为这是一种欲望，你渴望获得某样东西的欲望！

当确定这样的意识之后，我们就要面对这样的一个事实——承认自己的"无能为力"并不可耻。但在现实生活中，社会的压力给予了我们更严苛的要求，让我们觉得某些理所应当的事情是非常可耻的。

中国有句古话："人比人气死人！""我做不了联合国秘书长"——似乎没人会为此嘲笑你的无所作为。但是，"我竟然还没有我的邻居挣钱多，这实在太羞耻"——这个时候，我们觉得在这种攀比之下，我们似乎被"一无所知"的邻居羞辱了。我们的好胜心不允许我们在这场"无人承认"的战斗中失败。可是，又有什么意义呢？山有山的高度，水有水的深度，没必要攀比。每个人都有自己的长处。风有风的自由，云有云的温柔，没必要模仿，每个人都有自己的个性。你认为快乐的，就去寻找；你认为值得的，就去守候；你认为幸福的，就去珍惜。依心而行，无憾今生。

事实上，每个人都有令人羡慕的东西，也有缺憾的东西，没有一个人能拥有世界的全部，重要的在于自己内心的感觉。那些心态平和的人也许并不拥有比其他人更多更好的物质享受，只是他能接受自己，觉得自己好而已。

我们不能拥有自己想要的所有东西，我们无法完全地掌控自己的人生，我们总有无能为力和痛苦难堪的时候。这种时候，不要拿着无妄的自大心去比较、去战斗，因为我们根本就不需要去比较，因为有些东西我们并非一定要拥有，更因为有些东西甚至可能不是自己真正"想要的"。很多时候，我们的观点并非与生俱来，我们受社会的影响——你的老师、你的父母、你的女友或男友、你的朋友，都潜移默化地影响着你，在这种影响下你很可能为了他人的看法去追求自己并不需要的东西。

要懂得欣赏自己的生活，让自己活得随心所欲。如果你做出的改变会让自己感到愉快，那就做一些改变；如果改变了以后会让自己不愉快，那么不管有多少人改变，也不应该盲从。如果你已经知道改变以后会很好，但自己却无力改变的话，也不应该勉强去做，那些让自己觉得不满意的地方，就尽量忽略过去。毕竟，上帝让我们有不同的肤色、不同的个性，就是为了让我们的生活多姿多彩。要接受自己不完美的地方，没有必要勉强自己变得完美。

欲望是大脑的行动战略。欲望没有绝对的好坏之分，重要的是欲望将我们引向哪个方向，以及我们是否足够明智，知道什么时候该听从欲望的声音。

当我们错把欲望当快乐的时候，我们就遇到麻烦了。没有欲望的生活可能不需要这么多自控，但那也不能称之为生活了。如果你想不出任何一件让你感觉良好的事，你就很难从床上爬起来做事，这种毫无欲望的状态耗尽了希望，也夺走了很多人的生命。

自律是每个人所应该培养的一种优秀的品质，可自律就必须压抑自己的欲望吗？孩子想玩游戏，但母亲发出了一个指令："等你读完半小时书之后才能玩"。能压抑的孩子会把欲望暂时放在一边，静下心来读书，期待着随后的快乐；而缺乏这种功能的孩子可能会焦虑不安的大哭大叫。压抑功能与延迟满足的能力是息息相关的，对于人来说，压抑是必需的。

欲望或冲动的管理有着不同的表现水平。高水平的调节方式是能够整合欲望，寻求满足，但满足可以被延迟或取代。高水平者能忍受矛盾，寻求妥协的解决方案；他们能思考自己的愿望和他人的兴趣之间的差别，不会情绪化地做出反应。比如，一个人说他在自己与朋友之间设置了适当的界限，通过这种方式他成功地疏导了愤怒，未因为愤怒而伤及友情。

而有些人对于欲望是过度压抑了。这些人在意识层面很难承受情感和欲望，通过过度的自我控制，情感灵活性受限了。因为过度压抑，限制了对欲望和情感更灵活的处理。有时候他们会出现冲动性爆发，比如，放纵地玩游戏，过度饮酒或性行为，他们在过度调节与放纵之间摆荡。与这些人谈话时，也许表面上显得有礼貌，乐于助人，但因为情绪表达的受限，往往具有控制性且沉闷乏味。

如果再低些层次，有些人经常表现出冲动行为，在幻想和行为中，明显存在破坏性倾向和指向他人的攻击倾向。冲动性行为经常被不愉快情绪触发，这些不愉快情绪在精神内部不能被容忍，导致了突然的行为改变。

一个人对欲望的管理水平取决于幼时的亲子关系。我们来假设一个情景。欲望的产生导致生理上的紧张，婴儿发出了痛苦的哭叫。如果母亲能敏感地觉察并温柔地回应，那么婴儿的焦虑能马上缓解。反复多次之后，生理上的紧张对婴儿来说不那么可怕，因为对于温柔回应的预期有效地缓解了焦虑。这些人对于欲望的管理水平较高，既能表达欲望，又能延迟满足。但如果母亲温柔的回应迟迟未出现，或者出现的是一个手足无措的焦虑母亲，那么婴儿的痛苦难以被有效缓解，他持续处于焦虑状态。同样的情况反复多次之后，焦虑的婴儿可能会变成抑郁的婴儿：整天半睡半醒，偶尔哭叫，表情木然，缺少健康婴儿该有的活力与热情。

"既然我得不到，那么放弃总行了吧"，抑郁的婴儿不得不学会放弃对温柔回应的渴望，他们对欲望进行了过度压抑。渴求完全的独立，永不求人，个性刚直，追求完美，他们以此来报复和挑战那个冷酷的母亲。抑郁者连哭都不允许，更何况其他"利己"的欲望了，抑郁者可谓是最会压抑的类型。比如有的抑郁者甚至觉得天冷了穿衣，肚子饿了吃饭之类的愿望都是自私与罪恶的。焦虑的孩子有时能得到回应，有时又得不到，所以他们对于欲望产生的生理紧张特别敏感，难以轻松完成压抑的任务。无论是焦虑的婴儿，或者是抑郁的婴儿，其欲望管理水平均出现了问题，要么过度压抑（抑郁者），要么难以压抑（焦虑者）。在临床上遇到那些抑郁或焦虑的患者，一般都能发现他们会有一个忙碌的、强势的、有诸多负面情绪的、自我中心的抚养者。这类抚养者很少能给婴儿恰到好处的温柔回应，难免会制造出焦虑或抑郁的婴儿。

所以，过度自律（过度压抑）会导致心理障碍，因此欲望管理是很有必要的。以下是关于欲望管理的建议：

（1）表达。"会哭的孩子有奶吃"，对于羞于表达愿望的人来说，每一次表达之后温柔的回应均有助于改变幼时形成的不良关系模式。因此，表达很重要。

（2）改变对于愿望满足的不合理信念。"有爱故生忧，有爱故生怖，若离于爱者，无忧亦无怖。"这句经典名言很让人共鸣，但却是得不到爱时的自我欺骗和自我设限。过度压抑者设置了太多愿望满足的壁垒，需要通过觉察的力量去逐步修正。永不求人看上去很强大，其实是胆怯下的自我保护；相反，一个敢于暴露弱小的人才显得更真实和强大。

（3）对于过度压抑者而言，当他的愿望能合理表达并被满足之后，冲动行为会慢慢减少。

第三节　欲望控制案例

日本一个专门研究消费者心态的机构统计出，女性冲动性购买的比率为34.9%。换句话说，每三个女性消费者里面，就有一个是冲动型购买者。

据统计，有50%以上的女性在发了工资后会增加逛街的次数，40%以上的女性在心情不好或者心情非常好的极端情绪下也会增加逛街次数。可见，购物消费是女性缓解压力、平衡情绪的方法，不论花了多少钱，只要能调整好心情，80%左右的女人都认为值得。事实上，不仅仅是女性，我们每个人都有冲动消费的倾向。冲动消费涵盖了各类人群，其中新婚夫妇最易冲动购物。因为这一部分消费者往往更没有消费计划，消费冲动行为较多。在消费者最容易冲动购物的商品类别上，男女是有区别的，男性一般青睐高技术、新发明的产品，而女性在服装鞋帽上很难克制自己的购物欲望。

冲动型消费是指在某种急切的购买心理的支配下，仅凭直观感觉与情绪就决定购买商品。在冲动型消费者身上，个人消费的情感因素超出认知与意志因素的制约，容易受到商品（特别是时尚潮流商品）的外观和广告宣传的影响。而女性无疑是冲动型消费的主力军。

科学家认为，女性月经周期中体内激素的变化容易引起不良情绪，如抑郁、压力感和生气。她们感到非常有压力或沮丧的时候，容易选择购物这一方式来让自己高兴从而调节情绪。对许多女性而言，购物成为一种"情感上的习惯"。她们不是因为需要而购买商品，而是享受购物带来的兴奋感。"我被购物冲动抓住，如果不买东西，我就感觉焦虑，如同不能呼吸一般。这听起来荒唐，但这事每个月都在发生，"一位参与这项科学研究的女性这样说。

研究同时发现，不少女性会为冲动购物感到懊恼。以大学生塞利娜·哈尔为例，她平素习惯穿平跟鞋，但一时兴起想买高跟鞋，于是一口气买下好几款颜色不同的高跟鞋。然而，没隔多久她就厌倦了这些新鞋，不愿再穿。

冲动型消费还容易受到人为气氛的影响。当消费者光顾的门店在进行商品促销的时候，往往能够激发消费者的购物冲动。对于某些商品来说，可能消费者处于可买可不买的情况，但促销折扣往往能引起消费者的冲动购物。

冲动型消费其实是一种感性消费，而作为经济人的我们，应该能控制随兴而起的"购物冲动"，有计划、有目标地购物，只有这样才能尽量减少自己的购物"后悔感"，做一个真正理性的人。

第四节　欲望控制实验

走进 21 世纪，我们是否应该回头看一看现代人的生活？所有人都莫名其妙地忙碌着，被包围在混乱的杂事、杂务、杂念之中，一颗颗跳动的心被挤压成了有气无力的皮球，在现实中疲软地滚动着。也许是因为在竞争的压力下我们丧失了内心的安全感，于是就产生了对于无事可做的恐惧，所以才急着找事做来安慰自己。这样在不知不觉中，我们陷入了一种恶性循环，离真正的快乐，甚至真正的生活越来越远。

有统计显示，在美国，一对夫妻每天只有 12 分钟进行交流和沟通；一周内父母只有 40 分钟与子女相处；约有一半的人处于睡眠不足的状态。大家好像每天都在为一些事情疯狂地忙碌着，然后精疲力竭，无暇顾及其他。大家都在工作，都在创造财富，但并没有因此而更加开心。

在现代社会中，越来越多的人拼命工作，只是为了职务的升迁，似乎只有权威才能带给他们快乐。也有些人原本不喜欢自己现在的工作，但为了追逐物质的丰裕不得不做着自己并不想做的事情。可结果是名利都有了，但却发现自己并不快乐，这到底是为什么？

也许是我们真的太累了。在追逐生活的过程中，我们也应该尝试着放弃一些复杂的东西，还原生命的本源，让一切都恢复简单的模样。其实生活本身并不复杂，复杂的只有我们的内心。所以，要想恢复简单的生活，必须从心开始。

多数人都希望自己的生活达到"简单并快乐着"的状态，但事实上并没有多少人能够真正做到。他们住着大房子，开着名车，做着高收入的工作，过着高消费的生活，内心被越来越难以满足的欲望折磨得疲惫不堪。

在一些人看来，简单生活意味着辞去待遇优厚的工作，靠微薄的存款过日子，非常清苦。心理学家说，这是对简单生活的误解，简单意味着悠闲，仅此而已。如果你愿意，你可以做自己喜欢的工作，拥有丰厚的存款，重要的是不要让金钱给你带来焦虑。

快乐既可以是一瞬间的感觉，任由我们挥洒，却常常无法长久，如泡影般消散。快乐也可以是一种习惯，一种积极乐观的生活态度，无论怎样都是一天，无论怎样都是体验。因此，无论是富有的人还是收入微薄的工薪阶层，都可以生活得悠闲、舒适，在"简单生活，追求快乐"这一点上人人平等。

那么不妨试试下面这些好的方法：

（1）从事少而精的工作。人们往往希望在最短的时间里完成最多的工作，整日忙碌不停，却忽视了"数量会影响质量"。太多的事情可能会让人无暇享受活动的过程，无暇享受生活而牺牲了快乐。所以，人们应当学会把生活简化，从事少而精的活动，全身心地投入其中，享受活动过程中的乐趣，才会更快乐。

往往最简单的事物带来的是最本能的快乐。如果现在的你承担了太多的工作，让你无暇去享受生活，那么不妨将你的工作按自己的兴趣和重要性进行排序，选出你最喜欢的、最重要的事情来做，舍弃部分繁杂的工作，你就能得到简单的快乐。

（2）要想快乐的生活，首先要有健康的体魄，如果每天都在疾病中度过，连忍受都很难，何谈快乐？此外，研究发现，在体育锻炼时人的情绪更好，而且思维的敏捷性也更高，如果在心情不好的时候运动，还能够转移注意力，缓解不良的情绪，放松心情。

一些不爱运动的人往往性格更为内向和孤僻，不愿意与人打交道，产生不良情绪的时候也居多。因此，要想保持快乐的心情，一定要经常运动，比如每天散步半个小时，骑车去上班，这些简单的运动能够使人感到快乐。

（3）拥有一项长久的兴趣。心理学家的研究发现，当人们对某件事情感兴趣时，往往会不自主地花更多的时间、更大的精力在这件事情上，总是努力地去探索它，认识它，而这个过程中产生的往往是欣喜、快乐和满意等积极的情绪，即使废寝忘食也心甘情愿。

微软公司董事长比尔·盖茨曾说过："每天清晨当我醒来的时候，都会为技术进步给人类生活带来的发展和改进而激动不已。"从这句话中，我们不难看出他的兴趣所在，以及这种兴趣带给他的巨大快乐。而正是这样的快乐才带给他成功。

（4）在活动过程中体验快乐，我们也可能会有过这样的经历：当我们全身心投入做某件事情的时候，感觉时间会过得飞快，一下午的时间就像是一晃而过；而当我们觉得这件事很无聊，一点兴趣都没有的时候，过一分钟却如一天那么久。

其实，时间是没有变的，变的只是我们的感受，当我们做自己感兴趣的事情时，舒畅、快乐自然不期而至，从而感觉时间过得飞快。

第五节 职场故事

同学刚子大学毕业后，分配到了一家大型商场，在家电部当了一名营业员。

工作是有着落了，但思想老有疙瘩，刚子觉得，一名大学生站柜台，真是无地自容，羞愧难当。

心态不正，工作中就难免有情绪，那阵子，刚子整天吊儿郎当，昏昏沉沉，还隔三差五地跑到我这儿诉苦，借酒浇愁。其实，在刚子看来，其根本就是大材小用，屈才了。他不止一遍地对我说过他要想方设法托人找关系，跳槽换工作。

后来，听刚子说他"找到"了一个远房表舅，是个小有头面的人物，他要抓住这条关系。于是，我就发现刚子经常拎着东西出去，看那高兴的样子，就像抓住了一根救命草。可每次刚子回来，总是悻悻而归，心情并没有多少高兴的样子。但刚子挺有韧劲的，有一次，刚子很高兴地回来了，对我说有希望了，只见刚子说得眉飞色舞，神采飞扬，他说："表舅已经表态了，给我一年的时间，先把现在的活干好了，再根据我掌握的本领想办法。"

有了目标，刚子的心踏实了许多，从此，刚子跟换了个人似的，热情和干劲逐渐地显现出来，他不嫌钱和奖金少了，而是非常认真地钻研业务，研究家电知识，并且耐心地解答顾客的各种疑问，积极推荐产品。渐渐地，刚子就成了商场小有名气的人物了。

事情就是这样，本领需要积累和锻炼。也许是为了表舅的那句承诺，一年中，刚子置身于本职工作，从知识到市场营销，从维修到为顾客服务，由动力转化成兴趣，并成长为一名优秀的营业员。

所以说，机遇并非常有，而机会却无处不在，抓住手头的机会，把握住现实中的拥有，实际上恰好是创造了机遇。

上个月，商场选聘部门经理，刚子从笔试到答辩，一路凯歌高奏，加之本科学历的优势，他脱颖而出，继而被聘为家电部经理。

值得一提的是，刚子再没有去找他舅。

本 章 小 结

哲人说：人生是块多棱镜，从不同的角度比较，会产生不同的效果。

人往高处走，水往低处流。世人谁不想万事如意，谁不想心想事成？想归想，未必都能如愿。在生活和工作中不是任何付出都会有回报的。现实有时存在明显的不公平，当你的愿望甚至连小小的打算都难得实现时，就要学会精神"充电"法，从不同的角度去比较。

课 余 训 练

奖励的承诺有很大的力量，它会让我们继续追求那些不会带给我们快乐的东西，会让我们消费那些不会带来满足感，只会带来更多痛苦的东西。追求奖励是多巴胺的主要目标，所以，即便你经历的事物和原本承诺的并不相符，它也不会给你释放"停下来"的信号。布莱恩·文森克（BrianWansink）是康奈尔大学食物和品牌实验室主任，他用常在费城电影院里看电影的人证明了这个观点。电影院提供特别的爆米花，无论是样子还是气味都刺激所有人的多巴胺神经元。消费者像巴甫洛夫的狗一样，排着长队，伸着舌头，流着口水，等着吃到第一口。文森克请电影院的售货摊把14天前生产的爆米花卖给消费者。他想知道这些看电影的人还会不会继续吃。他们是会相信大脑的直觉，认为电影院里的爆米花总是好吃的？还是会发现爆米花的味道不对，进而不愿吃爆米花了。

电影散场后，常来看电影的人都表示两周前的爆米花真的很难吃。它们不新鲜、泡过水、简直让人恶心。但他们有没有痛骂卖爆米花的摊位并要求退款呢？没有。他们照样把爆米花吃掉了。和平常吃新鲜爆米花时比起来，他们吃掉了那个量的60%！

找一个常常让你放纵自己的诱惑因素，测试一下奖励的承诺。你之所以会受到诱惑，是因为大脑告诉你，你会很快乐。学生们最常见的选择是零食、购物、电视和游戏等和网络相关的浪费时间的事情。请关注你放纵的过程，不要急着去体验。注意这种奖励的承诺给你什么感觉。期待、希望、兴奋、焦虑、流口水……你的大脑和身体感觉到了什么。然后，允许自己接受诱惑。和你的期望比起来，这种体验怎么样？奖励的承诺有没有消失？它是否仍然促使你吃得更多、花得更多、待得更久？什么时候你会感到满足？你是否达到了一种没法继续的程度，因为你太饱了、太累了、太沮丧了、没时间了，或是无法得到"奖励"了？

进行这项练习的人通常会有两种结果。一些人会发现，当他们真的关注放纵的感受时，他们实际上并不需要自己想象中那么多的东西。另外一些人发现，这种体验完全无法让他们满足。这就暴露了奖励的承诺和实际体验之间的差别。这两种观察都会让你对曾经无法控制的事有更强的自控力。

第七章 | 压力下的工作与生活

第一节 情境导入

有个人刚好看到一只蝴蝶幼虫在茧中挣扎，准备破茧而出。他连续观察了好几个小时，发现茧上的口非常小，蝴蝶努力了很久，似乎已经筋疲力尽，却毫无进展。出于好心，这个人拿出一把剪刀，小心翼翼地剪开茧的小口，让蝴蝶钻了出来。但是，很快，这个人为自己所谓的好心懊悔不已：因为蝴蝶虽然很轻松地出来了，然而却是非常小，身体很萎缩，翅膀还紧紧地粘在身上，没办法飞翔。原来，蝴蝶要从茧的小口艰难地钻出，这是上天的安排。它要通过挤压，将体液从身体挤压到翅膀上，这样它才能展翅飞翔。

压力是生命的需要，是生存的需要，我们不要去逃避它。

毕丽尔在一家石油公司服务，每月总有那么几天她必须去做她认为最呆板的事，那就是把印好的石油契约整理好，记下指数，然后再统计数量。

这件工作是那么令人厌烦，她决定要使它做起来更有趣味些。她把每天早上的数量统计出来，下午时尽量超越早上的数量，第2天则试着去超越前一天的成绩，结果呢？她在那个部门的所有同事没有一个做得像她这么出色。

那么她得到了什么回报呢？赞美？不！感谢？不！升职？不！加薪？不！虽然这些都没有，但是至少她不必为无聊的工作而感到疲倦，她得到了一种精神上的自我鼓励，连那种没有人要干的无聊工作她都可以做得这么起劲，以后有什么工作不能做呢？自此她精力越来越旺盛，做事越来越热心，工作之余她也感到更快乐了。

很多人将工作视为一种压力，他们认为工作无法给他们带来快乐。有些人只是为了保障自己的经济来源，才去勉强从事某个行业。

对自己的工作感兴趣可以让你不再忧虑，让你的工作变得更加简单和高效，最后还可能使你得到晋升和加薪。即使不这样，也可以把疲劳减至最少，让你有精力享受自己的闲暇时光。

事实证明，人们在从事自己最喜爱的工作时效率是最高的。人们只有在享受工作时才会有用不完的精力，有更多的快乐，没有忧愁，也不知道什么是疲倦。兴趣有了，精力和效率才会有，工作也会因此而变得轻松简单。

在职场中，有些人早上一醒来，头脑里想的第一件事就是：痛苦的一天又开始了。他磨磨蹭蹭地挪到公司以后，无精打采地开始一天的工作，好不容易熬到下班，立刻就高兴起来，和朋友花天酒地之时总不忘诉说自己的工作有多乏味，有多无聊。如此周而复始。长此以往，工作效率很难有提高。

工作是一个人价值的体现，应该是一种幸福的差事，我们有什么理由把它当作苦役呢？有些人抱怨工作本身太枯燥，然而问题往往不是出在工作上，而是出现在自己身上。如果你能够积极地对待自己的工作，并努力从工作中发掘出自身的价值，你就会发现工作是一件非做不可的乐事，而不是一种惹人烦恼的苦役。

如果我们能够明确感受到自己的工作对于他人的价值，我们就会从中发现无穷的乐趣。如果我们能够用一份良好的心境去寻找工作的意义和乐趣，那么烦恼和疲劳将会被充满激情和高效的工作所代替。

第二节　压力概述

Lazars 把压力定义为"个人与环境中的人、事、物的一种特别关系，这种个人与环境中的人、事、物的关系，被评估是有心理负担的，或超越其资源所能负担的，以及危害其健康及个体综合利益。"

压力这个概念最早是由蒙特利尔大学内分泌学教授 Hans Selye 提出来的，他被尊称为"压力之父"。他把压力描述为当个体无能力应对外在需要时的非特定生理反应，这种反应分为 3 个阶段。首先，当压力出现时，个体就会心跳加快，体温和血压降低，开始调动身体中储存的物质和能量来应付压力，成为"警觉阶段"；然后脑垂体和肾上腺皮质分泌大量激素，增加对压力来源的抗拒力，用实际行动尝试解决问题，这是"抗拒阶段"，先前的心跳加速等症状会逐渐消失；最后进入"衰竭阶段"，由于无法适应长期的压力，脑垂体和肾上腺皮质无法继续分泌激素，可能导致身体的伤害，甚至死亡。

随着科学技术的飞速发展，信息量的快速增加，时间观念、工作效率和生活内容也在发生变化。这些都容易使人产生紧迫感和焦虑感，引起一系列心理应激反应，也就是人们常说的心理压力。经济压力，也就一般意义上的生存压力，是心理压力最古老也是最持久的来源。摆脱经济压力困扰的人并不意味着压力的降低，实际上，收入远远高于一般水平的人会感受到更大的压力，这种压力来自于他们的职业，职业压力是现代社会最普遍，也是最严重的压力源，很容易引发心理障碍和精神病变。人际关系也是一个重要的压力源。人际间的压力包括价值冲突、权利地位的冲突、利益资源冲突和情感冲突。

你的压力来自何处？

职业发展 37%
工作负荷 26%
人际关系 18%
工作和家庭的平衡 6%

全国14123名各类组织员工参加调查
数据支持：北京易普斯公司

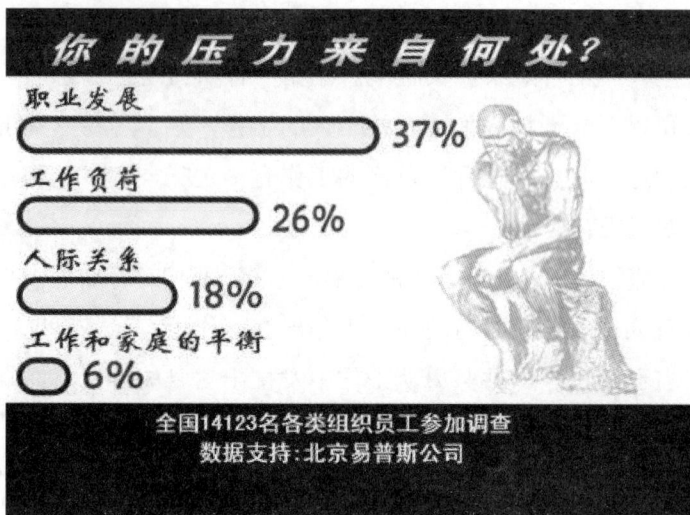

对于学生来说，学业压力始终是第一位的。深入研究表明，学生感到的学业压力往往不是学习本身的压力，而是家长、老师的态度所带来的压力。他们所看重的并不是学习本身，而是学习成绩，以及学习成绩的差异所带来的能否考上大学（最好是重点大学），或者能否找到工作（最好是收入高的工作）的结果。

人类最大的贫乏就是事事顺心如意，无须努力，最终导致希望破灭，再无奋斗之心。挣扎、困难和挑战都是人的丰富生活不可或缺的，但我们对于他人的困难（尤其是对孩子）通常第一个反应就是去帮助他们。当我们有能力帮助他们的时候，应凭他们自己去突破挑战。这听起来似乎不合常理，但我们必须抑制那种自然反应，让孩子们保有挣扎的权力。

文化迁移也是产生压力的重要来源。文化迁移所产生的压力体现在心理不适应和人际关系障碍两个方面。比如说出国留学或者从乡村迁居城市，都会因为生活的不适应，同时没有建立起良好的人际支持系统而感到压力。

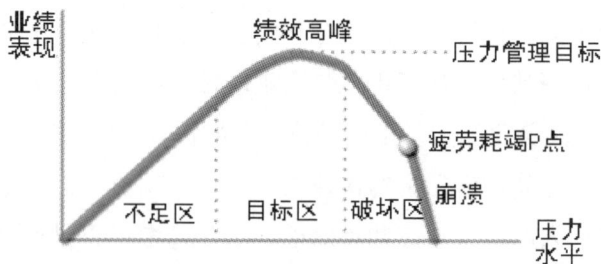

压力与工作绩效关系图

压力不仅影响人的生理，更影响人的心理。一定程度的压力有益于我们的心理成长，能够增加生活情趣，激发我们奋进，有助于我们更敏捷地思考、更勤奋地工作，增强我们的自尊和自信。然而，压力如果超过最大限度，就会使我们心力衰竭、行为混乱。由于目标意义减少，并且难以实现，我们就会感到自己是无用之人，毫无价值。如果这一状态持续太久，就会造成危害，使人垮掉。

由于生理和心理作用密切相关，生理和心理能量不可分割，在生理上越感到衰竭，我们对压力的心理反应便越是衰竭，反之亦然。有些人只要一发现生理受损迹象，心理上也就退却了；而另一些人则相反，他们靠意志力坚持着，哪怕超出了生理衰竭程度。

压力的有害影响是因人而异的，我们将其分为对思考和理解的影响以及对感情和性格的影响。这些影响通常表现为下列情况：

（1）难以聚精会神，观察能力减弱，经常遗忘正在思考或谈论的事情，甚至刚进行到一半就卡壳了。

（2）记忆范围缩小，对熟悉事物的记忆力和辨别能力下降，实际的反应速度减慢等。上述情况所造成的后果便是在处理工作和认知事物时错误百出，做出的决策令人怀疑，没有能力准确地分析现存的条件并预料未来的后果。

（3）对现实的判断缺少理智，客观公平的评判能力降低，思维模式变得混乱无章，使肌肉放松、感觉良好的能力以及抛却烦恼和焦虑的能力下降，幻想并加大压力所带来的痛苦，健康快乐的感觉消失殆尽。

（4）爱清洁、很仔细的人会变得邋里邋遢、马马虎虎，热心肠的人变得冷漠，已经存在的焦躁忧郁、神经过敏、自我防范、充满敌意的性格更加恶化，行为规范和冲动的控制力减弱（或变得非常暴躁），发怒的次数增加。

（5）精神萎靡不振，一种无法对外界事物或内心世界产生影响的感觉油然而生，无价值的感觉增强。

（6）已经存在的说话结结巴巴、含含糊糊的现象加重，而且这一现象还可能出现在尚未有此"症状"的人身上。人生目标荡然无存，兴趣爱好成了过眼云烟。由于假想病的产生，自己制造出许多借口，于是迟到、旷工成为家常便饭，对酒精、咖啡因、尼古丁上瘾。

（7）重新划分界限，把本属于自己的责任划出界外。对自己职责内的工作采取弥补或短期解决的办法，不做深入细致的调查，在某些方面采取"事不关己，高高挂起"的态度。举止古怪、出人意料，产生无性格特征的行为，有"一了百了""活着无用"的念头。

这些有害影响因人而异，即使在遭受最大限度的压力时，也很少有人表露全部症状。严重程度也是因人而异的，但这些症状的出现说明个人已经达到或正在达到综合适应的精疲力竭阶段。倘若你发现自己身上有上述情况，说明身体已发出危险信号，应及时做出积极的调整。

人格是导致压力的一个重要内因。心理学家 M.Friedmanhe 和 R.Roseman 将性格划分为 A 型和 B 型。A 型性格的人不安于现状，具有很强的成就欲望，好胜心强，喜欢赶时间，没有耐心，事必躬亲，容易患冠心病等心血管疾病。B型性格的人则认为时间是生命赋予的，应该将时间运用到体验生活及欣赏大自然或艺术品中，他们时间观念不强，活动量较少、频率较慢。一般说来，A型性格者的敏感性与反应性极强，更容易受到心理压力的困扰。

我们多数人最大的痛苦和压力，就是在日益更新的社会变迁中失去了自己的优势。我们能做的事情，被现代机械逐渐代替；我们能完成的工作，似乎有人能够完成得更好。一种莫名的社会压力悄然出现了。

美国盖洛普公司出了一本畅销书《现在，发掘你的优势》，该公司的研究人员发现：大部分人在成长过程中都试着"改变自己的缺点，希望把缺点变为优点"，但他们碰到了更多的困难和痛苦；而少数最快乐、最成功的人的秘诀是"加强自己的优点，并管理自己的缺点"。"管理自己的缺点"就是在不足的地方做得足够好，"加强自己的优点"就是把大部分精力花在自己有兴趣的事情上，从而获得成功。

选择自己擅长的事情，在那些容易产生成果的事情上投入时间和精力，这是选择目标需要遵循的重要原则。但是值得注意的是，很多人擅长的领域太过狭小，造成了过剩投资，也就是说，投资和收获达不到适当的比例。这是必须避免的情况。假设你将所有的时间和精力用于古典文献的研究，而这项研究却不能给你带来足以保障生活的收入，那么你就应当考虑拓展自己擅长的领域了。

假如一个人的性格天生内向，不善于表达，却要去学习演讲，这不仅是勉为其难，而且还会浪费大量时间和精力；假如一个人身材矮小，弹跳力也不好，却要去打篮球，很可能不仅没取得成果，反而打击了自信心，一蹶不振。但是，如果找到自己的长处，并用心经营，就能避免这样的情况。在漫漫的人生旅途中，没有人是弱者，只要找到自己的强项，就找到了通往成功的大门。

所谓的强项，并不是把每件事情干得很好、样样精通，而是在某一方面特别出色。强项可以是一种技能、一种手艺、一种特殊的能力或者只是直觉。你可以是鞋匠、修理工、厨师、木匠、裁缝，也可以是律师、广告设计人员、建筑师、作家、机械工程师、软件工程师、服装设计师、商务谈判高手、企业家或领导者等。

压力其实不是一种客观事实，而是一种主观感受。相同的事在不同的人眼中也许是完全不同的。同样的事在同一个人身上，也可以随着环境、时间转变，而产生不同程度的压力。例如你第一次参加面试，你会紧张得气也喘不过来，但当你第十次、第十一次参加面试时，你就会如履平地，不费吹灰之力便可安然度过。

有钱人经常不开心的一个原因，就是他们对于"有钱就应该开心"的压力。"我有钱，我怎么可能会不开心呢？"他们认为不开心就是对不起自己所拥有的巨富。还有，他们找不到不开心的合适理由，最终把不实的错误怪到了自己头上。他们因为追求幸福而感到压力，由于觉得自己无法克服负面情绪而感到内疚和无能。

松下电器（中国）有限公司便认为保持一定程度的工作压力是必要的，推崇职工必须有压力。有了压力，员工就会感到一种无形的力量在鞭策自己，迫使自己前进；有了压力，员工在遇到挫折时就会产生克服困难的动力，就会顽强地一拼到底，产生向前奋斗的动力。因此，员工有压力，对企业而言其态度不应该是逃避，而是了解压力的来源，创造更有利的工作环境来缓解压力，改善压力的应对方式，以此来有效地应对压力，变废为宝把压力转换为动力，在充满竞争的市场经济环境下，使企业的员工及整个企业保持最佳状态，带着饱满的精力去迎接工作的挑战。

第三节　消除压力案例

美国的一位教授曾对两只老鼠做过实验，他把一只老鼠的压力基因除掉，并将它与另一只正常的老鼠一同放在一个有 500 m² 的仿真自然环境中。那只正常老鼠走路觅食总是小心翼翼，一连生活了几天没有出现任何意外，它甚至为自己过冬储备食物。而另一只没有压力的老鼠从一开始便显得很兴奋，对任何东西都极为好奇，走路也无小心翼翼之状。

无压力基因的老鼠仅用一天时间，便大摇大摆把 500 m² 的全部空间参观了一遍，而那只正常老鼠用了近四天的时间才参观完毕。前者把高达 13 m 的假山都攀登了，而后者最高只爬上盛有食物仅 2 m 的吊篮。结果，那只身上已无压力基因的老鼠爬上假山后，在试验能不能通过一块小石头时摔了下来，死了。那只正常老鼠因有压力基因，仍鲜活地存在着。

"灾难化信念"是指一种消极的心理与世界观，其表达方式是"这件事如果发生了，将是一件非常可怕的事"。"我再也承受不住了！""我觉得我的世界已经倒塌了！""我的生活中再也没有希望了！""或许我不应该再在这个世界待下去了！""每个人都讨厌我！他们恨我！想要远离我！没有人爱我！"

卡瑞尔是一位杰出的空调工程师，他取得了很多成就，也曾有过失败的教训。一次，他在工作中发生重大失误，可能给公司造成巨大的损失。这一失误如同晴天霹雳，令卡瑞尔痛苦万分，巨大的挫败感让他彻夜难眠。

痛苦之后，卡瑞尔振作起来，他提醒自己，痛苦和后悔毫无意义，必须要有所行动。他强迫自己平静下来，最终找到排除忧虑、解决问题的方法，正是这个方法让卡瑞尔终身受益。

首先，静下心来，客观地分析整个事件，假设事件可能导致的最糟糕的结果，并找到自己所能接受的更为糟糕的结果。当时卡瑞尔告诉自己，即使事情糟透了，也不会有人把我怎么样，我也不可能死掉。

其次，充分了解事件最坏的结果后，就要做好思想准备，勇敢地把它承担下来。对卡瑞尔来讲，这次失败虽然可能让自己失去这份工作，但谁没有不完美的一面呢，工作丢了也可以再找的。当卡瑞尔这样想的时候，他的心理迅速发生了变化，负担与压抑没有了，取而代之的是轻松与明朗的心情。

最后，他说服自己平静下来，将全部的精力用到工作上，尽最大努力挽回失败。卡瑞尔不断地试验以减少可能的损失，后来公司不仅没有任何损失，反而因此次事件赢利 1.5 万美元。

故事中的卡瑞尔所采用的这一方法就是后来帮助了无数人的"卡瑞尔公式"。虽然卡瑞尔也曾经陷入"灾难化信念"，痛苦、忧虑、夜不能寐，但是最终他走了出来，并成功化解了这一危机。

摆脱"灾难化信念"的根本方法在于建立"反灾难化信念"。与"灾难化信念"不同，"反灾难化信念"是站在客观的角度来看待事件与问题，用积极的心态面对事件产生的后果。用"反灾难化信念"替代"灾难化信念"可以帮助人们更加客观、更加冷静地面对困境。针对这一信念实践起来可能会遇到的各种困难，以下的几种思维方法或许会有帮助。

方法	举例
用"即使"代替"万一"	"即使这家公司不录取我，我还可以再找工作，而且很可能比这家公司更好。"
把事物放在长远的时间观念当中	"多年以后哪怕半年以后，这件事看起来就不再那么糟糕了。"
好坏参半的思维方法	"如果我真的丢了工作，我可以休息一段时间，然后再找一份更好的工作。"
运用"卡瑞尔公式"	第一，最坏的情况是什么； 第二，说服自己，做好心理准备接受结果； 第三，冷静下来，尽全力改善可能出现的结果。
将事物放在对比的观念当中	"跟那些很糟糕的事情比起来，这又算什么呢？"
向他人学习如何面对糟糕的事	"他与我比差远了，但他依然乐观向上努力奋斗，我要向他学习。"
活在当下	"事情已经发生了，将会是什么结果，谁也不知道，我唯一能做的就是把握好现在拥有的，尽全力改变我能改变的，接受我改变不了的。成功与失败都是人生的必修课。"

第四节　舒缓压力实验

美国心理学家协会的调查显示，缓解压力最常见的方法就是那些能激活大脑奖励系统的方法，如吃东西、喝酒、购物、看电视、上网和玩游戏。为什么不呢？多巴胺项目承诺，我们会感觉良好的。我们把这种反应称为"缓解压力的承诺"。

美国心理学家协会曾做过一次关于压力的全国性调查。调查发现，最常用的缓解压力的方法恰恰是使用者觉得最没有效果的。例如，通过吃东西来缓解压力的人里面，只有 16% 认为这种方法确实有效。

应激反应是身体内部相互协调的一系列变化，让你能在面临危险的时候保护自己。人脑不仅会保护人的生命，它也想维持人的心情。所以，当你感到压力时，你的大脑就会指引着你，让你去做它认为能带给你快乐的事情。神经科学家证明了，压力包括愤怒、悲伤、自我怀疑、焦虑等消极情绪，会使你的大脑进入寻找奖励的状态。例如，当可卡因瘾君子在工作中受到批评时，他大脑中的奖励系统会被激活，这会让他强烈渴望可卡因。应激反应中释放的压力荷尔蒙，同样会提高多巴胺神经元的兴奋程度。所以，当你面对压力时，你面前的所有诱惑都会更有诱惑力。例如，现实世界的压力会让戒烟、戒酒、戒毒和节食的人更容易重蹈覆辙。

奖励的承诺和缓解压力的承诺会导致各种各样不合逻辑的行为。例如，那些对自己的经济状况表示担忧的女性，会通过购物来排解内心的焦虑和压抑。当暴饮暴食的人为体重增加或缺乏自控力感到羞愧的时候，他们会吃更多的东西来抚慰自己的情绪。拖延症患者想到自己已经远远落后于进度的时候，他们会万分焦虑，这反而让他们会继续拖延下去，不去面对落后于进度的实事。上述案例都说明"想要更快乐"这个目标总是战胜了自控力的目标。

老人对他的孩子说："攥紧你的拳头，告诉我什么感觉？"孩子攥紧拳头："有些累！"老人："试着再用些力！"孩子："更累了！有些憋气！"老人："那你就放开它！"孩子长出一气："轻松多了！"老人："当你感到累的时候，你攥得越紧就越累，放了它，就能释然许多！"多简单的道理，放手才轻松！

舒缓职场压力的方法有以下几种：

（1）压力大时深呼吸。一个深呼吸能够让你的压力减半，在做深呼吸的时候一定要挺直后背，两肩放松，然后由鼻将空气深深地吸入肺部，这个时候你还可以集中精力感受空气渗透到每个细胞，最后全力将空气呼出。在做深呼吸的时候你还可以想象，想象体内的压力也随着气流一起排到体外。

（2）放松肌肉。让自己静卧在椅子上或者床上，然后从头到脚放松每一块肌肉：比如先放松额头，使额头舒展，肌肉都不紧张了，然后放松颈部肌肉，让头完全靠椅子或者枕头支撑，脖子不能用一点力。这样连续放松身体的大部分肌肉，最后就能达到减压的作用。

（3）向他人倾诉。向别人倾诉你的烦恼，很多时候，把一件事憋在心里很不舒服，这时候找一个人倾诉就成为最好的办法。虽然说出来并不一定会完全解除很多，不过说出来总会舒服不少，而且还可以得到他人的安慰。

（4）尝试打坐。盘坐下来，不要胡思乱想，清楚脑中所有的想法，慢慢的安静下来。这是一种平稳的缓解压力的方法，醒来之后虽不能清楚所有的压力，但是随着时间的推移，压力将逐渐淡下去，直至消失。从佛教中的打坐来说，是为的制心一处，参究真理，以期显发智慧，彻见法性，此即所谓明心见性，解脱自在。所以，佛教的打坐观点比较适合缓解心理压力。

（5）音乐治疗。音乐具有安定和抚慰情绪的功效。想尽情地发泄一番，就听一听摇滚乐；想理清一下情绪，就听听古典音乐。买上一两张新碟，把自己关在房间里，戴上耳机，即可尽情地沉浸在音乐的王国里。

（6）影视治疗。看电影也是一种很不错的减压方法。有空去电影院看电影，悲剧片和喜剧片都是很好的选择。如果觉得有一肚子的委屈没地方可以发泄，选一部悲剧片来看看吧，让眼泪尽情流出来；或者在心情烦躁时去看一些喜剧片，开怀地笑一场。

（7）户外活动。如果你感到压力无处不在，令你喘不过气来，那么选择周末去郊外活动活动吧。可以约上三两知己一起行动，一边互谈人生，大吐工作中的苦水，一边尽情地享受户外清新的空气和美丽的田园景色。

（8）养宠物。回家后，让一只可爱的宠物帮助你忘却烦恼，再没有比这更好的方法了。科学家认为，养一只狗或是猫确实有好处，抚摸它会帮助你降低血压和减缓压力——对于人和动物都一样。房里有一只狗会使人放松。当然，对某些人来说，养小猫小狗本身就是一种压力。如果不喜欢猫狗，也可以试着养一对金鱼。研究表明，仅仅是看着鱼在水草中游动，也能使人放松和减轻压力。

我们无法用肉眼看见压力，但是我们却能够真实地感受到它。它给我们带来的各种消极心理的确让人难以承受。多数人在超过负荷的压力面前都变得手足无措、痛苦不堪，陷入各种各样的心理困境。

关于解脱心理困境，美国曾出现过两波浪潮，分别是第一波的"行为疗法"和第二波的"认知疗法"。这里要介绍的是目前风靡全球的第三波"接受与实现疗法"，也就是 ACT 疗法。

具体说来，接受与实现疗法有两大步骤。

（1）与其忘记，不如先接受消极心理。应该承认，人的一生中会不可避免地存在消极的想法，它几乎与生俱来。人们浪费那么多的时间与根本不可能战胜的消极想法作斗争，不如用那些精力追求自己的人生价值。当有一天我们愿意接受消极的想法时，就会发现自己更容易看出生命的方向。因此，我们要做的不是试图挑战遇到的种种消极心理，而是试图削弱这些消极心理的力量。

（2）积极规划人生的意义。削弱消极心理之后的下一步就是委托，找到个人生存的价值以及提升生命质量的途径。这是接受与实现疗法最为重要的步骤与核心内容。

接受与实现疗法具有广泛的适用性，通过引导发掘人们对人生价值的追求，帮助大量吸毒人员减轻了对毒品的依赖性，在接受与实现疗法下，癫痫病患者的癫痫发作频率也有显著降低。

第五节 职场故事

我们都知道压力大对身体是不好的，长期生活在压力下，会导致与情绪和认知功能障碍相关的大脑内侧前额叶皮层容量减小，进而伤害记忆力和学习能力，出现丢三落四、注意力不集中、记忆力减退等症状。严重情况下会使人因为压力大导致失聪。

杭州有一名 IT 公司从事软件开发的男性，每天都在高强度用脑，由于时间很紧，他每天都要晚上一两点才睡觉，有时候写程序写得太兴奋，睡觉也不踏实。在吃方面，他就更不讲究了，饿了就随便吃点，不饿就不吃，一日三餐不定时。这样连续过了一个月，中间一天也没休息过。突然有一天他醒来之后就开始持续耳鸣。

这种突发性耳聋是由于现代社会生活节奏变快，上班族压力大、辛苦、情绪紧张焦虑之后，造成耳朵里的血管一时性或者长久性的痉挛，而耳朵里的神经细胞对缺血缺氧是非常敏感的，一旦血管痉挛营养供应跟不上，神经细胞 3 ～ 5 分钟就会凋亡，从而造成不可挽回的听力损失。

此外，当人们在生活与工作中压力过重，还会引起心血管疾病、中风、高血压、神经衰弱，或导致肾上腺衰竭，免疫系统受到损害。例如，大多数的人有十万根头发，正常情况下每天会掉二十至一百根头发。当人在压力情况下头发会停止生长，然后八周之后你会发现头发掉落的数量要比平常多出很多。同时，当人们处于巨大的压力之下时，可能会用尽身体中储藏的维生素 B 族，从而使得头发变灰或变白。

本 章 小 结

富兰克林·费尔德说过："成功与失败的分水岭可以用五个字来表达——我没有时间。"当你面对繁重的工作任务感到精神紧张、心情压抑的时候，不妨抽一点时间出去散心、休息，直至感到心情比较轻松后再回到工作中来，这时你会发现自己的工作效率特别高。紧张过度不仅会导致严重的精神疾病，还会使美好的人生走向阴暗。只有舒缓紧张情绪，放松自己的心灵之弦，才能在人生的道路上踏歌前行。

课余训练

什么叫做休息？好好休息个周末？好好出去旅游一下？为什么你睡了 11 个小时仍然觉得疲累？为什么你花了好几万去岛国度假并没有增加生活的热情？都说要去 KTV，去夜店，去游乐园可以忘掉不快，更带劲地开始新的一天，但是尽兴归来为何心里只剩空虚？

也许你可以：

（1）用看两小时让你开怀的漫画或小说代替去 KTV 唱那些一成不变的歌。

（2）试着放弃在周六晚上去酒吧，10 点入睡，然后在 7 点起床，去没有人的街上走走，或是看看你从来没有机会看到的早间剧场，你会发现这一天可以和过去的千百个周末都不相同。

（3）不要再去你已经去过无数次的度假村找乐子了。找一条你从没去过的街道，把它走完。你会发现这个你感到腻味的城市，结果你却并没有完全体会到它的妙处。

（4）旅行，而不是换个地方消遣。去一个心存好奇的地方，对自己这趟行程心存美意，感受自己经验范围以外的人生样貌。而不是坐了 5 小时飞机，只是换个地方打麻将，换个地方游泳，换个地方打球……

（5）从这个周末起学习一项新的技艺，如弹电子琴、打鼓……每周末练习 1 小时以上。

（6）去社交。不要以为它总是令人疲惫的。虽然和看书比起来，它稍有点令人紧张，但也能让你更兴奋，更有认同感。你必须每周有两三天是和工作圈子和亲戚外的人打交道。它让你在朝九晚五的机械运行中不至失去活泼的天性。女性朋友们尤为需要走出去和朋友聚会，这些时刻你不再是满脸写着"效率"的中性人，而是一个裙裾飞扬的魅力焦点。

（7）做点困难的事，如果你是精神超级紧张的人。心理学家发现解除神经紧张的方法，是去处理需要神经紧张才能解决的问题。曾经一位精神即将崩溃的总经理找到一位医师给出治疗建议，结果他得到的处方是去动物园当驯狮师。一个月以后完全康复。所以压力特别大的时候你可以为自己再找份工作，但不要是和你职业类似的。比如去孤儿院做义工，或者去一个复杂的机械工厂从学徒干起，或者做一道超级复杂的数学题。

往往珍惜生命的人，会不顾任何代价，去求得一个休息。休息十天、半个月，他们回来了。再看呀，是多么神奇的一种变化！他们简直是一个新生的人了。生机勃勃，精神饱满，怀着新的希望，新的计划，新的生命憧憬，他们已消除疲劳，获得了重新起航的动力——燃料。

花些时间休息，可以使你获得大量的精力、体力，使你取得从事任何工作，应付各种问题的力量，使你对于生命，能有一个愉快正确的认识，天下还能有其他时间的投资对于你更加有利吗？

第八章 计划优先

第一节 情境导入

我们的生活似乎一直在被紧迫的事缠绕。比如去接电话，手忙脚乱地拿起电话时，才发现电话那头的人只不过是要做个调查访问，而对此我们不好意思拒绝。比如，每当我们在做一件重要的事情时，电话铃就响了，我们又不得不去接听。再比如，我们本来要去买一本会影响自己一生的书，结果因为要拆阅一些信件、去给车子加油、要看电视新闻，而把买那本书的时间一拖再拖。善用时间，就是好好安排自己的日程表，永远把重要的事排在紧迫的事之前。

在德国，人们做事必先制订计划，就是家庭主妇外出购物也要先列张购物单。一对夫妇如果打算出国旅游，那么他们可能早在一年前就开始制订旅游计划了。

你需要怎样的计划？或许是一天的，或许是一个月的，或许是一年的，或许是五年的，或许是十年的……这需要由你自己来操控。

很多大学生都有这样的苦恼：就是不管做什么事情都容易半途而废，不能坚持到底。在一个有规律的生活里，人很容易有相对固定的受控时间去完成自己既定的目标。到了大学阶段，课表不是天天相同，生活也开始多了很多可能性，这意味着你的生活变得丰富的同时，你在获得各种自由的同时，你开始失去你过去养成的节奏感。你开始慢慢更容易变成被不同的事情推动去行动的人，而不是坚持在固定的时间干一点什么的人。这种被碎片化事情推动的现象，不仅仅是在大学，一直到了职场，都会越来越严重。

计划是解决上述问题的有效途径之一。许多人之所以对计划不以为然，因为他们错误地认为在通常情况下计划不如变化快，做出来的计划会因种种原因而暂停、变更或废止，致使计划形同虚设。所以，这些人就没有做计划或按计划做事情的习惯，导致在工作中应急处理成了常态，经常陷于盲目和困惑之中。

第二节 做计划概述

凡事预则立，学会做年度大事件计划，月度计划，周计划，最好每天早上也做个晨间计划，一分钟搞定高效率的一整天，其他事情也是如此，不要迷茫，按照计划走，才有方向感。

计划像一座桥，连结我们现在所处的位置和你想要去的地方。同样的，计划是连结目标与目标之间的桥梁，也是连结目标和行动的桥梁。没有计划，实现目标往往可能是一句空话。计划对于人生来说相当重要，如果你在计划上失败了，那你注定会在执行上失败。没有计划的人生杂乱无章，看似忙碌却是空缺的。

在现实的日常工作中，我们常常会发现自己的工作没有头绪，不得其道，做着错误的、不经济的、不适当的工作，总是把时间浪费在犹豫、选择、等待、追悔等无效、无意义的事情上而显得忙忙碌碌，或是常常感觉自己很忙碌，可是并没有干出什么事情来。例如，一个搞文字工作的人把资料乱放，找个材料都要花去半天时间，那么他的工作是没有效率可言的。

在工作中，我们需要认识到计划工作的意义：

（1）明确成员行动的方向和方式，进而成为协调组织各方面行动的有力根据。

（2）计划工作的开展迫使各级主管人员花时间和精力去思考未来的各种情况，进而促进了各种沟通、思考、预测等行为。

（3）计划工作能促使人们改善组织运行的效率。

（4）计划工作还为组织各层管理人员的日常考核和控制工作提供最基本的依据。所以计划对工作既有指导作用，又有推动作用。在计划的过程中，一个人才会认真地去检视自己，并合理地分析工作与生活、自己与同事、公司发展与个人成长的辩证关系。

根据不同的角度，计划可以分成很多类。

按时间的长短可分为：长期工作计划、中期工作计划和短期工作计划；年工作计划、季度工作计划、月工作计划和周工作计划。

按紧急程度可分为：正常的、紧急的、非常紧急的工作计划。

按制订计划的主体可以分为：自己制订的和上司下达的工作计划，以及同等职位请求协助完成的工作计划。

按任务的类型可分为：日常的计划和临时的工作计划。

制订计划容易，执行难，难在个人意志力。在制订行动计划之前，如果我们有明确的目标、任务和方法、策略，安排好进度和时间，准备充足的资源，我们就可以制订行动计划了。也就是说，只要充分考虑了制订计划的因素、条件等，就可以顺利地制订出一份工作计划。但是，我们要知道，没有一份计划在执行中是没有困难的。所以，在执行过程中，我们必然会遇到执行计划的障碍、困难。当我们遇到很多这些困难、障碍时，面对重重阻力，我们是否还能坚持我们的初衷，还能按计划去做？这是最能考验个人意志力的时候，意志坚强者，一定能执行计划；意志薄弱者，就很难说了。

工作有计划做起事来才能有条理，时间就会变得充足，效率才会有提高。工作过度而吃力的真正原因通常是没有计划，很可能被不在计划之内的事情缠身，而该做的事情却做不完。如果有计划，那么每时每刻都知道需要做什么事。

当然，我们也常会发出"计划赶不上变化"的感慨，但从另一个角度看，计划和变化本来就是相辅相成的，没有计划，变化从何谈起！有变化则证明了计划的重要性。"计划赶不上变化"是因为计划做得不够周全。

计划不是一蹴而就的，任何人都没有料事如神的能力，它是一个由宏观到微观，由粗到细，逐渐细化的过程。刚开始，我们可能只安排了要做哪几件事，而随着过程的深入，我们会发现其中的每件事情，我们需要去做哪些活动，然后才能分析出每项活动我们该怎么去做，最后把我们所要做的事情排出一个顺序，拟定一个程序表，尽量按照程序表去做。如果真的觉得事情太多，就选择最重要的事情先做好，把不重要的先放一边或者选择删去计划。

在我们的工作中有很多变动情况，但是，如果因此放弃了计划，就延误了本来可以在确定的时间完成的事情。所以在制订计划时，我们要考虑给时间留有弹性的空间，不要将计划制订在能力所能达到的100%，而应该制订在能力所能达到的80%左右。因为我们每天都会遇到一些意想不到的情况，而且还有可能会有其他一些临时布置的任务需要我们去完成。如果每一项工作的计划都是占用了自己在期限之内100%的时间，那么，在执行临时任务时，就必然会挤占已计划好的工作时间，原计划就不得不延期。久而久之，计划就失去了严谨性，计划也就失去了在工作中的实际意义。

《如何掌控你的时间与生活》一书的作者拉金说过："一个人做事缺乏计划，就等于计划失败。"有些人每天早上预订好一天的工作，然后照此实行。他们是有效地利用时间的人。而那些平时毫无计划，靠遇事现打主意过日子的人，只有"混乱"二字。一个人要提高自己做事的目的性，有效率地工作，就要养成善于规划的好习惯。

做事的有序性体现在对时间的支配上，首先要有明确的目的性。很多成功人士都指出：如果能把自己的工作任务清楚地写下来，便能很好地进行自我管理，就会使得工作条理化，因而使得个人的能力得到很大提高。只有明确自己要做的事情是什么，才能知道自己和事情关系之间的全貌，从全局着眼观察整个任务，防止每天陷于杂乱的事务之中。明确的办事目的将使你正确地掂量各个阶段之间的不同侧重点，弄清事情的主要目标在哪里，防止工作不分轻重缓急，耗费时间，又办不好事情。另外，明确自己的责任与权限范围，还有助于摆脱自己与别人在共同处理问题中的互相扯皮和"打乱仗"现象。

德国著名思想家歌德说过："一个人不能骑两匹马，骑上这匹就要丢掉那匹。"的确，人的精力有限，希望什么都抓住，最后注定什么也抓不住。而专注地做一件事却不同，它能让所有的能量聚焦在一点，让人们获得更强大的力量。在面临抉择的时候，唯有把精力集中到对自己真正有价值的东西上，才能让专注的力量发挥到最大。而你接下来走的每一步都会心无旁骛，在最短的时间到达胜利的彼岸。

一个人在生活中常常难以避免被各种琐事、杂事所纠缠。为此，每个人都应该有一个自己处理事情的优先表，列出自己一周之内急需解决的一些问题，并且根据优先表排出相应的工作进程，使自己的工作能够稳步高效地进行。

多数人总是根据事情的紧迫感来安排先后顺序，事情紧急就先安排，不急就后安排，其实这样的方式是不科学的，会让人处于被动的局面。我们要看到每件事的优先程度。有些事可能看上去很紧急，但是处理时间还是很充裕的；有些事看上去好像可以再放个一两天，但是处理起来很棘手，不见得就是不费时间的事情。所以，我们要用分清主次的办法来统筹时间，把时间用在最能产生"生产力"的地方。面对每天大大小小、纷繁复杂的事情，如何分清主次，把时间用在最有生产力的地方，有三个判断标准。

（1）我必须做什么

这有两层意思：是否必须做，是否必须由我做。非做不可，但并非一定要你亲自做的事情，可以委派别人去做，自己只负责督促。

（2）我得到的收益将会是多少

你做最重要的事，意味着你可以将最多的时间放在给自己带来最大利益的事情上来，你在相对合理的范围内可以得到最高的回报。能得到最高回报的地方，也就是最有生产力的地方。

（3）我做的这件事效率到底能够有多高

有时候，或许有些事情的确能够给你带来最高利润，但是却无法给你带来成就感、价值感和满足感。就好比你正在做一份年薪很高的工作，但是你却并不喜欢它，这是一样的道理。一般情况下，你对于自己感兴趣的事情能够产生很高的效率，你会不知疲倦地完成它。那么，这件事对你来说就是很重要的事。

很多时候，我们判断一个人社交中的心理成熟度，不是看他能主动地说多少"是"，而是看他能否自如地对别人说"不"，能否主动要求别人帮助自己，能否承受别人的拒绝。能够说"不"和能够接受被拒绝，都是需要自信和勇气的。不会拒绝也不能自如地提出要求，又怕被别人拒绝的心理状态，在心理学上称为"被拒敏感"。

	紧急	不紧急
重要	措施：马上执行 （1）有截止时间 （2）突发的 （3）危机处理 （4）会造成持续压力的 举例：陪老板应酬	措施：制订工作计划，有序进行。 （1）预防风险与危机 （2）能力提升与学习 （3）高价值的坚持 （4）长远规划、发现机会、开拓领域 （5）人脉建设与维护 举例：陪老公或老婆出席其圈层应酬
不重要	措施：交由下属或他人执行 （1）例行工作 （2）碍于情面 （3）被动会议、被动电话 （4）临时性需应对的事情 举例：婆婆或丈母娘召集的家庭聚会	措施：建议对此说不。 （1）郁闷发呆的时间 （2）不懂拒绝的盲从 （3）习惯性的惰性反应 （4）比较情绪化的反应 举例：陪老公或老婆逛大街

如果你不会说"不"，不会拒绝别人的话，那么你将为自己招揽很多的事，这样你就无法专注于自己的要事。一个人的时间是有限的，你也有很多需要自己去做的事情，你无法顾及到生活中所有的事情。

然而对于许多人来说，拒绝别人的要求似乎是一件难上加难的事情。拒绝的技巧是一项非常重要的沟通能力。在决定你该不该答应对方的要求时，应该先问问自己："我想要做什么""不想要做什么"，或是"什么对我才是最好的"。在做决定时我们必须考虑，如果答应了对方的要求是否会影响既有的工作进度？而且会不会因为我们的拖延而影响到其他人？而如果答应了，是否真的可以达到对方要求的目标？一个做事目的性强的人要懂得说"不"的艺术。

这个世界上根本不存在"没时间"这回事。如果你跟很多人一样，也是因为"太忙"而没时间完成自己的工作的话，那请你一定记住，在这个世界上还有很多人，他们比你更忙，却完成了更多的工作。这些人并没有比你拥有更多的时间。他们只是学会了更好地利用自己的时间而已。

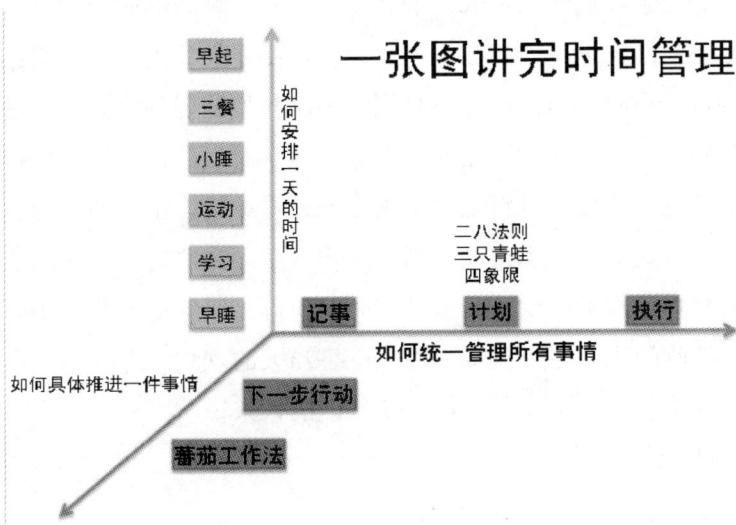

一张图讲完时间管理

你一定不会忘记这样的经历——定好的闹钟响了，本来是计划起床锻炼身体的，但是自己却关掉闹钟继续睡觉，并安慰自己道：明天一定起来锻炼。我们通常觉得同样一件事情，今天做和明天做效果是一样的，而"明天做"这样的决定要比"今天做"更容易，因此，我们逐渐习惯了将事情推后。与此类似，对别人的约束要比对自己的约束容易。通常我们很容易替别人做出一些决定，但是事情落到自己身上就困难了。人们都无意识地遵循这样的格言——按照我说的去做，而不要按照我做的去做。

拖延是一种很坏的习惯。由于惰性心理，今天得过且过，今天该做的事拖到明天完成，现在该打的电话等到一两个小时后才打，这个月该完成的报表拖到下一月，这个季度该达到的进度推到下一个季度，等等。带着这样的念头工作，只会感觉工作压力越来越大。

避免拖延的唯一方法就是"现在就做"。面对空白的纸和计算机屏幕人们常常一筹莫展，开始是最困难的，但却必须开始。一旦开始，行动无限，结果多彩，令人喜悦。

许多人做事总喜欢等到所有的条件都具备了再行动，殊不知，良好的条件是等不来的，工作中很少有万事俱备的时候。我们不太可能等外部条件都具备了再开始工作，但就是在这种既定的环境中，就是在现有的条件下，我们同样可以把事情做到极致。行动可以创造有利条件，只要做起来，哪怕很小的事，哪怕只做了五分钟，也是一个好的开端，也能带动我们着手做好更多的事情。

时间管理大师哈林·史密斯曾经提出过"神奇三小时"的概念，他鼓励人们自觉地早睡早起，每天早上 5 点起床，这样可以比别人更早开始新的一天，在时间上就能跑到别人的前面。利用每天早上 5 ～ 8 点的"神奇的三小时"，你可不受任何人和事的干扰，做一些自己想做的事。每天早起三小时就是在与时间竞争，你必须讲求恒心，养成早起的习惯，以后你会受益无穷。

这三个小时，确保了我们在精神焕发的状态下进行一种新的时间尝试。或许这种调整在一开始会让你很不适应，但是一旦成为一种习惯，必定会让人受益无穷。所以，对于时间安排来说，"神奇三小时"的出现并不是强行削减我们的各种时间，而是重新进行安排——如果你原本是晚上十一二点才开始上床睡觉，这个时候，你可以往前推两个小时。在不影响睡眠时间的情况下，你可以将晚上用来上网、看电视、学习的时间放在早上，因为这个时候往往是你精神最集中、思路最清晰、工作效率最高的时候。在这段时间里，绝对没有人或电话来骚扰你，你可以全心全意做一些平日可能要花上好几个小时才能完成的工作或事务。同时，清醒的头脑还有益于你思考一下当天的规划，并提前做出准备。相对于醒来就要忙着洗脸吃早餐，甚至连早餐都无法保证的人来说，"神奇三小时"给予了我们更多的活动空间和自由。

第三节　制订工作计划案例

许多职场中的人都知道，在工作中写工作计划书是常有的事。那么，如何编写月工作计划呢？

1. 为什么要写工作计划

（1）计划是提高工作效率的有效手段

工作有两种形式：

①消极式的工作（救火式的工作：灾难和错误已经发生后再赶快处理）。

②积极式的工作（防火式的工作：预见灾难和错误，提前计划，消除错误）。

写工作计划实际上就是对我们自己工作的一次盘点。让自己做到清清楚楚、明明白白。计划是我们走向积极式工作的起点。

（2）计划能力是各级干部管理水平的体现

个人的发展要讲长远的职业规划，对于一个不断发展壮大，人员不断增加的企业和组织来说，计划显得尤为迫切。企业小的时候，可以不用写计划，因为企业的问题并不多，沟通与协调起来也比较简单，只需要少数几个领导人就把发现的问题解决了。但是企业大了，人员多了，部门多了，问题也就多了，沟通也更困难了，领导精力这时也显得有限，计划的重要性就体现出来了。

（3）通过工作计划变被动等事做变为自动自发式的做事

有了工作计划，我们不需要再等主管或领导的吩咐，只是在某些需要决策的事情上请示主管或领导即可。我们可以做到整体的统筹安排，个人的工作效率自然也就提高了。通过工作计划变个人驱动的管理模式为系统驱动的管理模式，这是企业成长的必经之路。

2. 写工作计划的依据

①月目标（如断码率、缺货、原料低库存等）。

②上月未完成的工作计划持续进行。

③上级工作指示及交办事项。

④根据工作中出现的问题制作培训课件（如给下属培训物料控制）。

⑤业务及日常管理（如促销执行及重点品项的追踪、促销达成反馈、呆滞管理、人员管理……）

⑥需重点检核事项（如人员纪律、作业表单、工作流程、品质控制……）。

⑦检查中发现问题的改善（包括自纠及上级检查）。

3. 工作计划怎么写

首先要申明一点：工作计划不是写出来的，而是做出来的。计划的内容远比形式来的重要。我们拒绝华丽的辞藻，欢迎实实在在的内容。简单、清楚、可操作是工作计划要达到的基本要求。

工作计划四大要素：

①工作内容（做什么：WHAT）。

②工作方法（怎么做：HOW）。

③工作分工（谁来做：WHO）。

④工作进度（什么做完：WHEN）。

缺少其中任何一个要素，那么这个工作计划就是不完整的、不可操作的，不可检查的。最后就会走入形式主义，陷入"为了写计划而写计划，丧失写计划的目的"。在企业里难免就会出现"没什么必要写计划的声音"，我们改变自己的努力就可能会走入失败。

4．如何保证工作计划得到执行

工作计划写出来，目的就是要执行。

执行可不是人们通常所认为的"我的方案已经拿出来了，执行是执行人员的事情。出了问题也是执行人员自身的水平问题"。执行不力，或者无法执行跟方案其实有很大关系，如果一开始，我们不了解现实情况，没有去做足够的调查和了解。那么这个方案先天就会给其后的执行埋下隐患。同样的道理，我们的计划能不能真正得到贯彻执行，不仅仅是执行人员的问题，也是写计划的人的问题。首先，各部门要调查实际情况，做出的计划才会被很好地执行。其次，各部门每月的工作计划应该拿到例会上进行公开讨论。

目的有两个：其一、是通过每个人的智慧检查方案的可行性；其二、每个部门的工作难免会涉及其他部门，通过讨论赢得上级支持和同级其他部门的协作。

另外，工作计划应该是可以调整的。当工作计划的执行偏离或违背了我们的目的时，需要对其做出调整，不能为了计划而计划。还有，在工作计划的执行过程中，部门主管要经常跟踪检查执行情况和进度。发现问题时，就地解决并继续前进。因为中层干部既是管理人员，同时还是一个执行人员。不应该仅仅只是做所谓的方向和原则的管理而不深入问题和现场。

注意事项：工作计划并不是工作细目，不需要将所有的工作都安排进去，如打字、买办公用品等，要选择重点的工作。

第四节　活用零碎时间案例

我们真的只能在与时间的竞争中落后吗？同样生活在世界上 60 岁的人，他们完成的事情和做事的效率肯定会有不同，或许有的能够完成 80% 的愿望，或许有的只能完成 20%

的愿望，那么到底是什么造成了这样的差距呢？是智力？是能力？是环境？或许这都是理由，但是，还有一个理由，不知道是否有人发现——你的生活里存在着大量的时间缝隙，也就是我们常说的"零碎"的时间——等车的时候、刷牙的时候、喝咖啡的时候……有的人很好地利用了这些时间，于是完成了更多事情。

美国近代诗人、小说家和出色的钢琴家艾里斯顿善于利用零碎时间的方法和体会值得借鉴。他写道：

当时我大约只有 14 岁，年幼疏忽，对于爱德华先生那天告诉我的一个真理未加注意，但后来回想起来真是至理名言，我从中获益终生。

爱德华先生是我的钢琴教师。有一天，他给我教课的时候，忽然问我每天要练习多久钢琴，我说大约每天三四小时。

"你每次练习，时间都很长吗？是不是有个把钟头的时间？"

"我想这样才好。"

"不，不要这样！"他说，"你将来长大以后，每天不会有长时间的空闲的。你可以养成习惯，一有空闲，就几分钟几分钟地练习，比如在你上学以前，或在午饭以后，或在工作的休息余闲，五分钟、五分钟地去练习，把小的练习时间分散在一天里面，这样弹钢琴就成了你日常生活中的一部分了。"

当我在哥伦比亚大学教书的时候，我想兼职从事创作，可是上课、看卷子、开会等事情把我白天、晚上的时间完全占满了。差不多有两个年头我都不曾动笔写作，我的借口是没有时间。后来我才想起了爱德华先生告诉我的话，到了下一个星期，我就把他的话实践起来，只要有五分钟左右的空闲时间，我就坐下来写作一百字或短短的几行。

出人意料，在那个星期的终了，我竟积有相当多的稿子准备做修改。

后来我用同样积少成多的方法创作长篇小说。我的教学工作虽一天比一天繁重，但是每天仍有许多可以利用的短短余闲。我同时还练习钢琴，发现每天小小的间歇时间足够我从事创作与弹琴两项工作。

艾里斯顿的经历告诉我们，生活中有很多零散的时间是可以利用的，如果你能化零为整，那你的工作和生活将会更加轻松。

第五节　做计划实验

填写清单是一种明确做事目标的好方法。无论是工作上的细节还是生活上的琐事，都可以用清单来帮忙计划。首先，你可以找出一张纸，毫无遗漏地写出你所需要完成的事情。凡是自己必须干的事，且不管它的重要性和顺序如何，一项也不漏地逐项排列起来，然后按这些事情的重要程度重新列表。

将表格变成下面的计划格式。

当日的目标		
行动	时间	说明
1.	1.	1.
2.	2.	2.
3.	3.	3.
4.	4.	4.

重新列表时，你要问自己：如果我只能做此表当中的一件事情，首先应该是哪一项呢？然后再问自己：接着该做什么呢？用这种方式一直问到最后一项。这样自然就按重要性的顺序列出了自己的工作一览表。

然后，写下你要做的每一件事情应该怎么做，并根据以往的经验，在完成一件事情之后，总结出你认为最合理、有效的方法。你出门购物的时候，清单就是一个很好的选择，它可以帮助你节约时间、规划支出，是一种"工欲善其事，必先利其器"的生活智慧。

在当前工作结束时，回顾你的计划，问自己以下问题：

（1）我的主要目标达到了吗？

（2）如果没有，为什么？

（3）我把所有工作都做完了吗？如果没有，哪里出了岔子？

（4）我在哪些方面做得有错？

（5）我在哪些方面还有所欠缺？

（6）在完成优先级为 B 的工作时，我有没有不被打断？

（7）我把一项或多项工作委派或分配给别人了吗？

（8）如果如此，它是怎样奏效的？

（9）我如何才能改进我的计划以及我以后的工作方式？（给出建议）

第六节　职 场 故 事

小路大学毕业后被招聘到一家大型家电公司做销售工作。小伙子来自农村，有一股拼劲，而且对销售工作很热衷，所以业绩一直不错。但美中不足的是，小路和主管的关系总是有些不协调。终于有一天，因为一件也许根本就不值一提的事情，两人吵了起来，最后，小路一怒之下向老总递交了辞呈。老总对小路的印象一直是不错的，他考虑了良久，最后说："把你手中的业务清理一下交给我，我会同意的。"

三个小时后，小路交给老总四份文件。第一份，关于自己本月内需要结算的各种业务上的经济往来；第二份，关于目前已经建立良好合作的单位名称，上面有每个负责人的地址和电话，甚至包括各个老板的喜好；第三份，目前正在争取的客户名单，资料中列举了这些单位经理的籍贯和简历，比如谁当过兵，谁下过乡，谁离过婚；第四份，是对于还没有开展业务地区的攻关计划。

面对小路的"临走交代"，老总有些吃惊。他最后的批复是：小路留下做主管，而那位主管被降职调离这个部门。当那位主管向老总讨个说法时，老总说："像小路这样的人才，你和他处不好关系，这本身就是失职。"一个人对自身品质的坚持，既可以表现在你求职时，也可能表现在你辞职时，这就是所谓的人格魅力。

本章小结

节约时间最有效的方法，还是要学会吸取别人的经验，要向那些成功人士学习，这样可以省去我们犯错而受苦的时间，这也是我们拼命地看书、看视频及参加研讨会的原因。这些方法是增长智慧所必须的，不可轻易错过。

现代人最缺乏的其实不是技能的学习，不是管理时间的技巧，而是一种心灵的宁静。浮躁、焦虑、忧郁，各种负面情绪让自己的内心焦躁不安，没有办法沉下心来好好做一件事。而这个时候，能够有一个安静的环境和心绪，就显得是那么重要！这是难得的我们可以用来反思生活和思考行为的时间段！虽然听起来显得非常空泛，但是不得不说，实践过后的效果会让人出乎意料。

课余训练

养成早睡早起的习惯，可以使你一天精力充沛，更能增强你的信心，考验你的自律能力，为你建立一个正确的"自我概念"。养成让自己有一些固定的时间去做固定的事情的习惯。比如每天坚持在某个固定的时间写日记、练字、锻炼，一切你喜欢的事情都好，不需要太多的时间，哪怕就15分钟。这些小事情会慢慢形成你新的时间锚点，有了这些时间锚点，你才能在不同的环境里慢慢养成你生活中的新节奏感。有了时间节奏感的人，才能逐渐掌控自己的时间，开始为自己的目标取得进展。

许多杰出人士之所以能取得巨大成就，主要在于他们都具有很高的时商，能够合理高效地驾驭自己的时间。

下面就让我们来看看法国作家巴尔扎克的作息表：

8:00 ~ 17:00 除早午餐外，校对修改作品清样。

17:00 ~ 20:00 晚餐之后外出办理出版事务，或走访一位贵夫人，或进古玩店过把瘾——寻求一件珍贵的摆设或一幅古画。

20:00 就寝。

0:00 ~ 8:00 写作，半夜准时起床，一直写到天亮。

这位每天只睡四小时的文学巨匠，摒弃了巴黎的喧嚣与繁华，一个人静夜独坐，手握鹅毛笔管，蘸着心血和灵感，写出了伟大的作品。勤奋惜时的巴尔扎克只活了 51 岁，他的作品却流芳百世。

列出自己一个月的作息时间表，并及时记录每天执行情况。期满进行总结。

第九章 | 团队合作

第一节 情境导入

古代有一个最成功的项目团队，那就是西游记的取经团队。

背景：为了完成西天取经任务，组成取经团队，成员有唐僧、孙悟空、猪八戒、沙和尚和白龙马。其中唐僧是项目经理、孙悟空是技术核心、猪八戒、沙和尚和白龙马是普通团员。

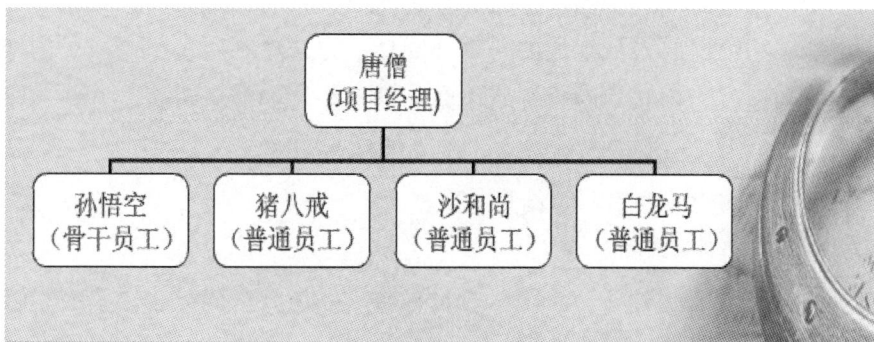

团队的组成很有意思，唐僧作为项目经理，有很坚韧的品性和极高的原则性，不达目的不罢休，又很得上司支持和赏识（直接得到唐太宗的任命，既给袈裟，又给金碗；又得到以观音为首的各路神仙的广泛支持和帮助）。沙和尚言语不多，任劳任怨，承担了项目中挑担这种粗笨无聊的工作；猪八戒这个成员，看起来好吃懒做，贪财好色，又不肯干活，最多牵下马，好像留在团队里没有什么用处，其实他的存在还是有很大用处的，因为他性格开朗，能够接受任何批评而毫无负担压力，在项目组中承担了润滑油的作用；最关键的还是孙悟空，由于孙悟空是这个取经团队里的核心，但是他的性格极为放荡，回想他大闹天宫的历史，恐怕作为普通人来说没有人会让这种人待在团队里，但是取经项目要想成功，实在缺不了这个人，只好采用些手腕来收复他。这些手段是，首先，把他给弄得很惨（压在五指山下 500 年）；在他绝望的时候，又让项目经理去解救他于水火之中，以使他心存感激；当然光收买人心是不够的，还要给他许诺美好的愿景；当然最重要的是为了让项目经理可以直接控制好他，给他戴个紧箍咒，不听话就念咒惩罚他。孙悟空毕竟是牛人，承担了取经项目中降妖除魔的绝大多数重要任务，他难以管束，不能只用手段来约束他，这时猪八戒的作用就出来了，在孙悟空苦恼的时候，上司不能得罪，沙和尚这种老实人又不好伤害，只好通过戏弄猪八戒来排除心中的郁闷，反正猪八戒是个乐天派，任何的指责都不会放在心上。

白龙马是唐僧办公、出差用的座驾，身份地位的象征。

在取经的项目实施的过程中，除了自己的艰辛劳动外，这个团队非常善于利用外部的资源，只要有问题搞不定，马上向领导汇报（主要是直接领导观音），或者通过各种关系，找来各路神仙帮忙（从哪咤到如来佛），以搞定各种难题。

一个人，再有能力，也干不过一群人。团队很重要！

第二节　团队概述

团队是由基层和管理层人员组成的一个共同体，它合理利用每一个成员的知识和技能协同工作，解决问题，达到共同的目标。团队并不是个体的简单集合，几个人坐在火车上邻近的座位上，几十个人在海滨游泳戏水，都不能称为团队。

团队有几个重要的构成要素，总结为5P。

1. 目标（Purpose）

团队应该有一个既定的目标，为团队成员导航，知道要向何处去，没有目标这个团队就没有存在的价值。

自然界中有一种昆虫很喜欢吃三叶草（也叫鸡公叶），这种昆虫在吃食物的时候都是成群结队的，第一个趴在第二个的身上，第二个趴在第三个的身上，由一只昆虫带队去寻找食物，这些昆虫连接起来就像一节一节的火车车箱。管理学家做了一个实验，把这些像火车车箱一样的昆虫连在一起，组成一个圆圈，然后在圆圈中放了它们喜欢吃的三叶草。结果它们爬得精疲力竭也吃不到这些草。

这个例子说明在团队中失去目标后，团队成员就不知道该去何处，最后的结果可能是饿死，这个团队存在的价值可能就要打折扣。团队的目标必须跟组织的目标一致，此外还可以把大目标分成小目标，具体分到各个团队成员身上，大家合力实现这个共同的目标。同时，目标还应该有效地向大众传播，让团队内外的成员都知道这些目标，有时甚至可以把目标贴在团队成员的办公桌上、会议室里，以此激励所有的人为这个目标去工作。

2．人（People）

人是构成团队最核心的力量，2 个（包含 2 个）以上的人就可以构成团队。目标是通过人员具体实现的，所以人员的选择是团队中非常重要的一个部分。在一个团队中可能需要有人出主意，有人定计划，有人实施，有人协调不同的人一起去工作，还有人去监督团队工作的进展，评价团队最终的贡献。不同的人通过分工来共同完成团队的目标，在人员选择方面要考虑人员的能力如何，技能是否互补，人员的经验如何。

3．定位（Place）

团队的定位包含两层意思：团队的定位，团队在企业中处于什么位置，由谁选择和决定团队的成员，团队最终应对谁负责，团队采取什么方式激励下属？个体的定位，作为成员在团队中扮演什么角色？是制订计划还是具体实施或评估？

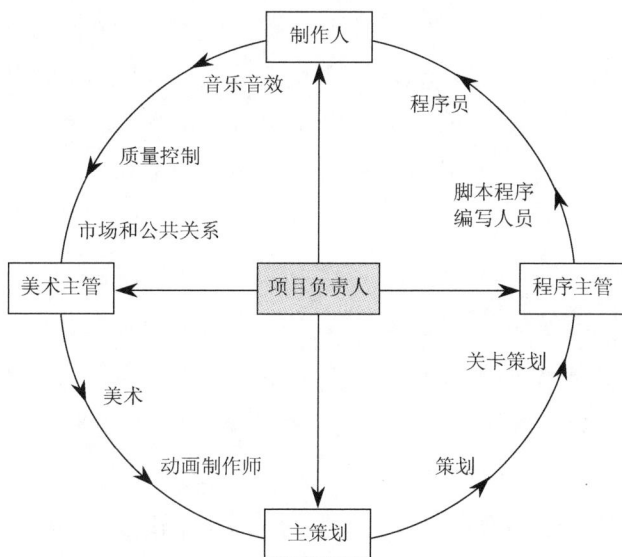

4．权限（Power）

团队当中领导人的权力大小跟团队的发展阶段相关，一般来说，团队越成熟领导者所拥有的权力相应越小，在团队发展的初期阶段领导权相对比较集中。团队权限关系有两个方面：

（1）整个团队在组织中拥有什么样的决定权？比如财务决定权、人事决定权、信息决定权。

（2）组织的基本特征，比如组织的规模多大，团队的数量是否足够多，组织对于团队的授权有多大，它的业务是什么类型。

5．计划（Plan）

计划的两层面含义：

（1）目标最终的实现，需要一系列具体的行动方案，可以把计划理解成目标的具体工作的程序。

（2）提前按计划进行可以保证团队的顺利进度。只有在计划的操作下团队才会一步一步地贴近目标，从而最终实现目标。

完成组织的任务、实现组织的目标，是团队的基本功能。作为一个团队，只能在活动中生存，而它的活动，就是为了完成组织的任务。团队具有单个人进行活动时所没有的优越性，成员之间为了共同的奋斗目标互相协作，使团队产生巨大的动力，促使活动顺利进行，圆满地完成任务。

同时，团队还可以满足其成员的多种需要。比如作为一个个体，只有当他属于团队时，才能免于孤独和恐惧感，获得心理上的安全。团队又是一个社会的构成物，在团队中，人们的社会需求可以得到满足。团队给人提供了相互交往的机会，通过交往，可以促进人际间的信任和合作，并在交往中获得友谊、关怀、支持和帮助。在团队中，随着团队活动成功的增长，成员的成就也得到了相应的满足，并从成就感中勃发出新的动力。与成就感相伴随的，人们还有自尊的需求。而在团队中，各人有各人的位置，处于各种不同位置的人，都会彼此尊重，所以说，每个人在团队中的自身活动，都是满足自尊的一种最好的形式。

在满足需求的基础上使成员产生自信心和力量感，这是团队活动的动力来源。团队的两大功能之所以能得以充分发挥，是和团队有其强大的动力源泉分不开的。作为一个团队，它往往是一方面表现出自己的能量；另一方面，也就积蓄着供自己活动的动力。只有这样，团队才是一个健康的团队。在日常生活中，有些团队之所以由盛到衰，很大程度上，是因为团队自己不再拥有"造血"的功能。

从参加团队人员的成分而言，可以把团队分为平面团队和立体团队。所谓平面团队，是指参加这一团队人员在年龄特征上、知识结构上、能力层次上及专业水平上。基本上大同小异，属于同一类型。这样的团队活动比较单一，服务也比较窄。而立体团队则是由相差较大的成员所组成。他们虽有差异，但却各有所长，这既可以做到各自优势，又可以进行相互弥补，使团队成为一个可以进行复杂活动而且服务面也非常宽的团队。这种团队有着强大的活力。由于人员素质好，各具所长，所以，当活动需要转向时，立体团队很容易转过去，而且很快就能站住脚。

20世纪40年代，德国社会心理学家库尔特·勒温（Kurt Lewin）提出了团队动力理论。他借用物理学中场的理论和力学理论，按动态和系统的观点来说明成员之间各种力量相互依赖和相互作用的关系。团队动力理论指出：团队对个体的行为规范能产生巨大的影响，个体在团队中会产生不同于处在单独环境中的行为反应；团队不是个体的简单相加，而是超越了个体的总和；团队的动力来自于团队的一致性，这种一致性表现为团队成员有着共同的目标、观点、理想、共同的思想感情、兴趣爱好等。他所说的团队动力主要是指团队的规范、团队的压力、团队的凝聚力等。

作为一个团队，为了更有效地活动，使每个成员的活动与团队的活动方向相一致，这就需要团队确定出每个成员都必须遵守的行为准则，既包括规章、制度、法令等正式规则，也包括风俗、习惯、团队舆论等非正式的、不成文的规范。团队规范是团队能保持一致的基本准则。当成员的行为违反常规时，团队就会以各种方法加以纠正或维护其常规，使其重新和团队保持一致。

所谓团队的凝聚力，是指团队成员留存在团队内的吸引力，即成员在团队内部活动和拒绝离开的吸引力，通常表现为成员对团队的向心力。团队凝聚力的重要性是显而易见的。它不仅是维持团队存在的必要条件，而且也是增强团队功能，实现团队目标的不可缺少的条件。有的团队成员之间互相抵制、戒备，关系紧张，力量聚集不到一起，不能很好地完成任务；有的团队，成员之间的意见比较一致，关系也较融洽，相互配合，工作进行顺利。也有的团队，成员之间亲密无间，配合默契，视团队的荣辱为自己的荣辱，团队有着强大的活动动力。一个团队如果失去了凝聚力，则是一盘散沙，很难维持下去，更不可能完成组织赋予它的任务，这样的团队即使名义上存在，但也失去了存在的意义。

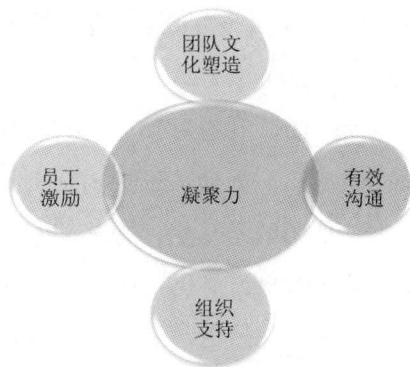

一个团队存在的首要条件就是团队成员之间的合作，但这并不能排除团队成员之间的竞争。在一个团队内，有的活动适合与成员间的竞争，竞争越激烈，越有利于活动的进行。而有的活动则适合与成员间的合作，相互配合可以提高活动效率。心理学家归纳了以下4点注意事项：

（1）从事简单而且团队成员都能独立完成全部工作程序的工作，个人竞争比团队合作的成绩显著。

（2）从事比较困难而且单个成员不能独立完成全部程序的工作，团队合作的成绩比个人竞争的优越。

（3）如果团队成员的态度与感情一致，而且又有明确的目标时，团队合作会更优越。

（4）如果团队成员的态度与感情不一致，而且工作本身又缺乏内在兴趣，个人竞争的成绩会更显著。

完美的团队既能统一指挥，保障上下左右协调一致，又能使各个子系统自负其责，活动自如，具有高度的灵活性。为了实现统一指挥，首先应当坚持个人服从组织、下级服从上级的原则。上级要认真行使指挥的权力，下级要自觉接受上级的领导。在团队管理中，下级只能接受一个上级的直接指挥，上级不应越级指挥，下级也不能超越直接上级接受更高一级的领导。其次，上级在实行对下级的领导时，要注意协调统一，不能各行其是。再次，管理者要善于解决个人与组织、下级与上级、团体与团体之间的冲突，能把各方面的需要、利益与目标协调和统合起来，借以达到意志和行动的统一。最后，必须建立健全合理的规章制度，使管理活动以及信息沟通程序化、标准化和规范化，实现团队中各层次、各部门之间纵横两个方面的协调，把责任、权力、职务、人员有机地联系起来，置它们于一种有秩序、可控制的状态中。

团队建设要做到以下四戒：

一戒："团队利益高于一切"

团队首先是一个集体，由"集体利益高于一切"这个被普遍认可的价值取向，自然而然地可以衍生出"团队利益高于一切"这个论断。但是，在一个团队里过分推崇和强调"团队利益高于一切"，可能会导致两方面的弊端。

一方面是极易滋生小团体主义。团队利益对其成员而言是整体利益，而对整个企业来说，又是局部利益。过分强调团队利益，处处从维护团队自身利益的角度出发常常会打破企业内部固有的利益均衡，侵害其他团队乃至企业整体的利益，从而造成团队与团队，团队与企业之间的价值目标错位，最终影响到企业战略目标的实现。

比如说，一个企业内部各团队都有相应的任务考核指标，出于小团体利益的考虑，某个团队采取了挖兄弟团队墙脚等不正当的手法来完成自己的考核指标，而当这种做法又没有及时得到纠正时，其他团队也会因利益驱动而群起效仿，届时一场内部混战也就不可避免，而企业却要为此支付大量额外成本，造成资源的严重浪费。此外，小团体主义往往在组织上还有一种游离于企业之外的迹象，或另立山头或架空母体。

另一方面，过分强调团队利益容易导致个体的应得利益被忽视和践踏。如果一味地只强调团队利益，就会出现"假维护团队利益之名，行损害个体利益之实"的情况。目前不可否认的是，在团队内部，利益驱动仍是推动团队运转的一个重要机制。作为团队的组成部分，如果个体的应得利益长期被漠视甚至侵害，那么他们的积极性和创造性无疑会遭受重创，从而影响到整个团队的竞争力和战斗力的发挥，团队的总体利益也会因此受损。团队的价值是由团队全体成员共同创造的，团队个体的应得利益应该也必须得到维护，否则团队原有的凝聚力就会分化成离心力。所以，不恰当地过分强调团队利益，反而会导致团队利益的完全丧失。

二戒："团队本身的内斗"

团队精神在很大程度上是为了适应竞争的需要而出现并不断强化的。这里提及的竞争，往往很自然地被我们理解为与外部的竞争。事实上，团队内部同样也需要有竞争。

在团队内部引入竞争机制，有利于打破另一种形式的大锅饭。如果一个团队内部没有竞争，在开始的时候，团队成员也许会凭着一股激情努力工作，但时间一长，他发现无论是干多干少，干好干坏，结果都是一样的，每一个成员都享受同等的待遇，那么他的热情就会减退，在失望、消沉后最终也会选择"当一天和尚撞一天钟"的方式来混日子，这其实就是一种披上团队外衣的大锅饭。通过引入竞争机制，实行赏勤罚懒，赏优罚劣，打破这种看似平等实为压制的利益格局，团队成员的主动性、创造性才会得到充分的发挥，团队才能长期保持活力。

在团队内部引入竞争机制，有利于团队结构的进一步优化。团队在组建之初，对其成员的特长优势未必完全了解，分配任务时自然也就不可能做到才尽其用。引入竞争机制，一方面可以在内部形成"学、赶、超"的积极氛围，推动每个成员不断自我提高；另一方面，通过竞争的筛选，可以发现哪些人更能适应某项工作，保留最好的，剔除最弱的，从而实现团队结构的最优配置，激发出团队的最大潜能。

三戒："团队内部皆兄弟"

不少企业在团队建设过程中，过于追求团队的亲和力和人情味，认为"团队之内皆兄弟"，而严明的团队纪律是有碍团结的。这就直接导致了管理制度的不完善，或虽有制度但执行不力，形同虚设。

纪律是胜利的保证，只有做到令行禁止，团队才会战无不胜，否则充其量只是一群乌合之众，稍有挫折就会作鸟兽散。南宋初年的岳家军之所以能成为一支抗金主力，与其一直执行严明的军纪密不可分，以至于在金军中流传着这样一句话："撼山易，撼岳家军难。"另外一个典型的例子就是三国时期的诸葛亮挥泪斩马谡的故事，马谡与诸葛亮于公于私关系都很好，但马谡丢失了战略要地街亭，诸葛亮最后还是按律将其斩首，维护了军心的稳定。严明的纪律不仅是维护团队整体利益的需要，在保护团队成员的根本利益方面也有着积极的意义。比如说，某个成员没能按期保质地完成某项工作或者是违反了某项具体的规定，但他并没有受到相应的处罚，或是处罚根本无关痛痒。从表面上看，这个团队非常具有亲和力，而事实上，对问题的纵容或失之于宽会使这个成员产生一种"其实也没有什么大不了"

的错觉，久而久之，贻患无穷。如果他从一开始就受到严明纪律的约束，及时纠正错误的认识，那么对团队对他个人都是有益的。GE 的前 CEO 杰克·韦尔奇有这样一个观点：指出谁是团队里最差的成员并不残忍，真正残忍的是对成员存在的问题视而不见，文过饰非，一味充当老好人。宽是害，严是爱。对于这一点，每一个时刻直面竞争的团队都要有足够的清醒认识。

四戒："牺牲'小我'，才能换取'大我'"

很多企业认为，培育团队精神，就是要求团队的每个成员都要牺牲小我，换取大我，放弃个性，追求趋同，否则就有违团队精神，就是个人主义在作祟。

诚然，团队精神的核心在于协同合作，强调团队合力，注重整体优势，远离个人英雄主义，但追求趋同的结果必然导致团队成员的个性创造和个性发挥被扭曲和湮没。而没有个性，就意味着没有创造，这样的团队只有简单复制功能，而不具备持续创新能力。其实团队不仅仅是人的集合，更是能量的结合。团队精神的实质不是要团队成员牺牲自我去完成一项工作，而是要充分利用和发挥团队所有成员的个体优势去做好这项工作。

战国时期，招揽门客、扩大家族势力的做法在豪门望族中十分流行。很多人在对门客的录用上采取了一定的准入标准，因此招揽的人才的特长基本上都差不多，而齐国的孟尝君则不同，凡有一技之长的，他都一律以礼相待，投奔他的门客特别多。后来他在秦国担任宰相时，秦昭王因听信谗言要杀他。他的一个门客用"狗盗"之术潜入皇宫，盗取已献给昭王的白狐裘，贿送给昭王宠姬，才得以逃脱。等到他与门客日夜兼程来到函谷关时，城门已经关闭了，必须等到鸡叫之后才能开门。这时又有一个门客模仿鸡叫，引得城内的公鸡一起叫起来，终于骗开城门脱险出关。鸡鸣狗盗之徒在当时是非常不入流的。试想一下，如果当初孟尝君在招揽门客时也像其他贵族一样坚持非饱读诗书、出身高贵的门客不要的话，那么他后来就不得不冤死他乡。

因此，团队的综合竞争力来自于对团队成员专长的合理配置。只有营造一种适宜的氛围：不断地鼓励和刺激团队成员充分展现自我，最大程度地发挥个体潜能，团队才会迸发出如原子核裂变般的能量。

第三节　团队合作案例

美国有线电视新闻网 CNN 旗下的 GBS 工作室拍摄了一部短片，短片里的主人公是两位石家庄老人，他们就是井陉的贾海霞和贾文其。贾海霞的左眼是先天性白内障，从小失明，右眼又在打工时落下残疾。贾文其则是小时候触电，丢失了双臂。

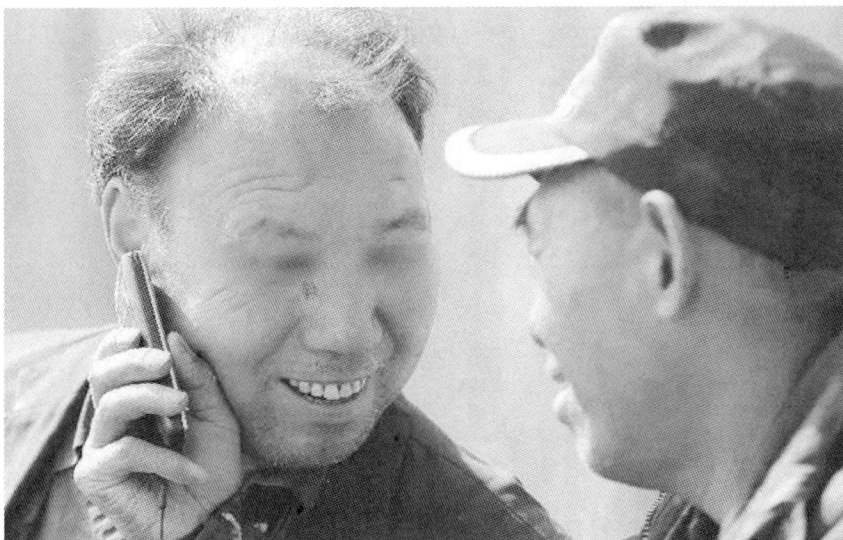

2001 年，两人突发奇想，决定承包村里没人要的 50 多亩河滩来植树，村委会知道后，一分钱没要就给他们签了合同。每天早上，看不清道路的贾海霞就拽着贾文其的衣袖，去他们承包的河滩上去种树。过河时，贾海霞帮贾文其卷起裤腿，贾文其就背上贾海霞趟过去。

为了省下买树苗的钱，贾文其就把贾海霞扛在肩头上，把大树上的小树枝砍下来，作为树苗。贾文其没有手，就用脚趾头把住水桶，给树苗浇水，贾海霞看不清，就用手摸索着让小树苗不倒。

从 2002 年开始至今，十几年如一日，贾海霞和贾文其已经栽下十多万棵树。一个有手，一个有眼，你是我的手，我是你的眼。两个人就这样，在十几年时间，合作把村里的 50 多亩荒滩打造成了绿林。

两位老人说，不砍一棵树，要把它们留给子孙后代。

第四节　团队合作实验

在当今社会生产和生活中，合作越来越显示出了重要的意义。面对社会分工的日益细化、技术和管理日益复杂化，个人的力量和智慧显得十分微不足道，即使是天才，也需要他人的协助。

三个和尚在一所破寺院里相遇。"这所寺院为什么荒废了？"不知是谁提出的问题。

"必是和尚不虔，所以菩萨不灵。"甲和尚说。

"必是和尚不勤，所以庙产不修。"乙和尚说。

"必是和尚不敬，所以香客不多。"丙和尚说。

三人争执不休，最后决定留下来各尽其能，看看谁能最后获得成功。

于是，甲和尚礼佛念经，乙和尚整理庙务，丙和尚化缘讲经。果然香火渐盛，原来的寺院恢复了往日的壮观。

"都因为我礼佛念经，所以菩萨显灵。"甲和尚说。

"都因为我勤加管理，所以寺务周全。"乙和尚说。

"都因为我劝世奔走，所以香客众多。"丙和尚说。

三人争执不休、不务正事，渐渐地，寺院里的盛况又逐渐消失了。

议一议：

（1）三个和尚组成的团队目标在哪里？

（2）他们的团队执行力和生命力来自何方？

（3）他们的团队为什么由盛转衰最终失败？

（4）他们的团队关键的问题出在什么地方？

一种新兴的团队建设方式——体验式团队建设，例如，旅行团队建设就属于这种形式，旨在旅行的过程中提高团队成员自身素质与团队协作能力。这种团队建设以一种独有的、有内涵的方式着手，终极目的是实现梦想，拓展心灵空间，同时加强团队凝聚力，达到每个成员与团队之间的一种融合。这种方式更加注重团队成员的参与性、亲历性，追求过程的内涵性，其中包括精神内涵与文化内涵，是一种新兴的团队建设方式。

第五节　职场故事

一早，牛总便发现自己办公桌上竟多了一只蓝色的鱼缸，里面还有几尾漂亮的金鱼。"这是谁的鱼缸啊？"牛总挨个问遍了办公室里的同事，可他们都说不是自己的。"呵，那就是送给我的了，我就不客气地收下了。"牛总喜滋滋地说。

牛总刚走，李姐就很不屑地骂了一句："哼，也不知是哪个马屁精，送了礼还不敢留名。""就是！这种人最不要脸了！"老刘也愤愤不平。为了表明"清白"，我也随声附和了几句。"小张，你说这金鱼会是谁送的啊？办公室里就咱们这几个人，应该不会是外人啊！"李姐那异样的眼神很明显就是怀疑我了。"我看这得问那几条鱼了，他们可是不会说谎的！"我自然也没好气地顶了她一句。"算了算了，可别为几条鱼伤了大家的和气。"老刘赶紧过来打圆场。

第二天，办公室里竟发生了不小的变化：以前李姐每天都要迟到十几分钟的，现在居然提前半小时早早到了；老刘往日上班时爱在电脑上玩玩牌，这回却当着我们的面将电脑里的游戏删了个一干二净。大伙嘴上不说，心里却都跟明镜似的：如今可不比当初了，既然有人给牛总送鱼，自然也会向他打小报告……这天，牛总突然找我："小张啊，我这金鱼昨天死了一条。我忙得很，你帮我去街角超市对面的那家鱼店里再买条一样的回来。"我一听这话，就愣住了。牛总嘿嘿一笑，轻轻拍了拍我的肩膀："小张，估计你也猜到了，这鱼其实是我自己买的。其用意嘛，呵呵……你可要替我保密啊。"

我似懂非懂地点了点头，望了望鱼缸里那几条鱼，似乎它们也朝我诡谲地笑了笑。

本章小结

团队建设是一个系统工程，企业组织必须要有一个大家信得过的团队领导，在其指引下，制定企业未来发展的远景与使命，为组织制定清晰而可行性的奋斗目标，选聘具有互补类型的团队成员，通过合理的激励考核，系统的学习提升，全面提升企业组织的核心战斗力，企业组织才能战无不胜，才能产生核聚效应，才能获得更大的市场份额。

课余训练

想象一下你在意志力挑战中取得成功后会多么自豪。这样，你就能充分利用"被认可"这个人类的基本需求。想一想你所在"群体"中的某个人，可以是一个家庭成员、一个朋友、一个同事、一个老师。想象他们的观点与你相符，或者他们会为了你的成功感到高兴。当你做出一个让自己感到自豪的选择时，你可以更新社交网络的个人状态，或是在微博上发布信息。如果你不喜欢高科技产品，也可以和人们面对面地分享自己的故事。

第十章

感染力的作用

第一节　情　境　导　入

18岁的约翰刚刚高中毕业，他在科罗拉多州厄尔巴索市的美国空军军官学校前下了公共汽车。他背着一个双肩包，里面装着一些允许新学员携带的物品：一个小闹钟、一件冬装外套、一些邮票和信纸、一个图形计算器等。在持续一年的训练中，他将和其他29名学员住在一起，吃在一起，学在一起。约翰带来的东西将慢慢传播给中队的其他成员，对他们的健康和他们在空军的前途构成威胁。

约翰究竟带来了什么灾难？他带来的不是天花、肺结核或性病，而是体质虚弱。虽然人们难以相信身体虚弱也能传染，但2010年美国国家经济研究局的一个报告显示：体质虚弱就像传染病一样，在美国空军军官学校中蔓延。共有3 487名学员接受了为期4年的跟踪调查，从他们在高中的体检一直到他们在军官学校中的例行体检。一段时间以后，中队里体质最弱的学员逐渐拉低了其他学员的体质。实际上，当新学员刚到军官学校时，和他自己入学前的体质相比，通过他所在中队里最虚弱的学员的体质，可以更好地预测他未来的体质。

我们的日常行为受到"社会认同"的巨大影响。这就是为什么我们经常在新闻网站上浏览"最受欢迎的新闻"，也就是我们为什么更可能去看"排行榜第一位"的电影，而不是去看那些"票房毒药"。"社会认同"还解释了为什么犹豫不决的选民会相信民意测验，为什么父母在超市过道里为了最热门的新玩具打架会被算作"新闻"。其他人想要的一定是好的，其他人认为对的一定是正确的。如果我们还没有形成自己的观点，或许我们也会信任群体的观点。

我们愿意相信，我们的决定不会受他人的影响，我们为自己的独立和自由意志感到自豪。但从心理学、市场营销学和医药学等方面的研究来看，我们个人的选择在很大程度上会受他人想法、意愿和行为的影响。甚至，我们认为他们想要我们做什么，这都会影响我们的选择。这种社会影响经常给我们带来麻烦，但也有助于我们实现意志力目标。意志力薄弱可能会传染，但你仍然可以获得自控力。

第二节　感染力概述

人生来就要和其他人产生联系。我们的大脑已经找到了一种巧妙的方法，确保我们能产生这样的联系。我们有专门的脑细胞管这件事，它的名字为"镜像神经元"。它唯一的任务就是注意观察其他人在想什么，感觉如何，在做什么。镜像神经元分布在整个大脑中，帮助我们理解其他人所有的经历。

比如，想象一下你和我待在一个厨房里，你看到我用右手去拿一把刀。你的大脑就会自动把这个动作转化成某种信息，管理你右手运动和感觉的镜像神经元就会被激活。这样，你的大脑就会开始分析我在做什么。镜像神经元会重新创造我的运动，就像一位侦探在重建犯罪现场一样。它会试图找出当时发生了什么，以及发生这件事的原因。这会让你猜测我为什么要拿刀，之后会发什么事。我是要攻击你吗？还是说，我的目标是台面上的胡萝卜蛋糕？

通过这个简单的场景，我们发现了三种形式，这三种形式都会使我们的社会脑出现意志力失效。第一种形式是无意识的模仿。当镜像神经元探测到其他人的行动时，它会让你的身体也准备做同样的动作。当你看到我去拿刀的时候，你可能会不自觉地想伸手帮我一把。在其他情况下，我们也会无意识地对别人的姿势或动作作出反应。如果你注意一下肢体语言，就会发现，交谈中的人会摆出对方的姿势。一个人交叉着双臂，过了一会儿，和他说话的人也叉起了双臂。她的身子向后倾斜，很快，他的身子也会向后倾斜。这种无意识的身体镜像似乎能帮助人们更好地了解彼此，同时带来相互联系、关系密切的感觉（这就是为什么销售员、经理和政客都需要经过训练，让他们能有意识地去模仿别人的姿势。因为他们知道，这么做更容易影响他们的模仿对象。）。

　　大脑让我们误入迷途的第二种形式是传染情绪。我们发现，自己的镜像神经元会对别人的疼痛产生反应，也会对别人的情绪产生反应。因为如此，同事的坏心情会变成我们的坏心情——这让我们觉得自己才是那个需要喝酒的人！这也就是为什么，电视情景喜剧会添加笑声音轨——他们希望，别人的笑声也能惹你发笑。这种情绪的自动传染同样能解释，为什么社交研究者克里斯塔斯基和福勒发现，快乐和孤独的情绪会在朋友和家庭中传播。那么为什么会造成意志力失效呢？当我们感觉不好的时候，我们会有惯用的方法来改善心情。这可能意味着，很快你就会去疯狂购物或者吃下一块巧克力了。

　　据美国《华盛顿邮报》报道，美国夏威夷大学的心理系教授埃莱妮·哈特菲尔德及她的同事日前经过研究发现，包括喜怒哀乐在内的所有情绪都可以在极短的时间内从一个人身上"传染"给另一个人，其速度之快甚至超过一眨眼的工夫，而当事人也许并未察觉到这种情绪的蔓延。

　　研究人员称，关键是情绪接收方要懂得如何排除负面情绪的影响，尽量只接收好的情绪。研究显示，情绪的感染是一种本能，在人们交谈时，每个人都会下意识地效仿另一个人的面部表情、动作姿势、身体语言以及说话的节奏。

　　善于顺应他人情绪或使他人情绪顺应你的步调，必然能够提升你的影响力，并建立良好的人际关系。成功的领导者或者富有感染力的演讲家都具有这一特征，能用这种方式调动千万人的激情或眼泪。

　　当然，事物都有两面性，情绪效应也不例外。糟糕的情绪表现会破坏你和陌生人的交往，乐观积极的情绪也会感染对方。正确利用情绪效应，让它为你所用，就能给别人留下很好的印象。

　　掌握自我情绪，对你的社交也会有很大帮助。现代心理学研究发现，人的情绪有两个关键时刻，一是早起时，一是晚上就寝前。如果能把握好这两个情绪的关键时刻，在这两个时刻保持良好的心情，稳定自身情绪，就很容易获得一整天的好心情。

　　把热情倾注在你的工作或学习中，会使一切面目一新，许多研究与事实表明，热情是影响人生成就的一大原因。同样，热情也是影响人际关系的重要因素。研究表明，热情的人在与人交往中往往更为积极主动，更勇于承担责任，更易于给予他人以关怀和帮助，因而更受人欢迎。

　　成功地运用鼓励、安慰、赞美的人，必定拥有成功的人际关系。除此之外，人的非言语表现也能调节情绪的协调程度，一个面带迷人微笑、充满自信和热情的人，随时随地都受人欢迎。

　　最后，当我们看到别人屈服于诱惑时，我们的大脑也可能受到诱惑。如果你发现别人和你有同样的意志力挑战，你就会很想加入他们。当我们想象别人想要什么的时候，他们的欲望就会引发我们的欲望，他们的食欲也会引发我们的食欲。这就能解释，为什么我们和别人在一起的时候，要比一个人的时候吃得更多；为什么赌徒看到别人赢了一大笔钱的时候，自己也会提高赌注。这也能解释，为什么我们和朋友一起购物时花的钱更多。

在流感肆虐的季节，你可能从任何接触过的人身上感染病毒。比如，收银员咳嗽时不捂嘴，他刷完了你的卡递给你，你的卡上就沾满了细菌。这就是流行病学家所说的"简单传染"。在"简单传染"的情况下，病毒是谁传染给你并不重要。陌生人携带的细菌，和你喜欢的人携带的细菌没什么不同。只要你碰上病毒，就会被传染上。

但是，行为传染的方式则有所不同。社会传染，如肥胖或吸烟的传播，遵循的是"复杂传染"的模式。仅仅接触到行为的"携带者"还不够，重要的是你和这个人的关系。在弗雷明汉社区里，行为的传播不会跨过栅栏和后院。社会传染病在人际网络中传播，因为那里面都是互相尊重、互相欣赏的人。它不会在街道网络中传播，因为同事的影响怎么也比不上密友的影响，即便是朋友的朋友的朋友，也比你每天见到却不喜欢的人更有影响力。这种选择性的传染在医学界是闻所未闻的。这就好像是，只有从你不认识或不喜欢的人身上感染病毒时，你的免疫系统才能保护你。行为就是这样传染的，和地理上的亲近程度比起来，社会关系上的亲密程度更重要。

从众效应作为一个心理学概念，是指人们自觉不自觉地以多数人的意见为准则，做出判断、形成印象的心理变化过程。具体来说，指作为受众群体中的个体在信息接受中所采取的与大多数人相一致的心理和行为的对策倾向。

一是受众对已经有了定论的职业传播者和信息作品，几乎没有人会再提相反的意见。

二是从众能够规范人们接受行为的模式，使之成从众效应。从众效应为一种接受习惯。

三是某种一致性的群体行为能够形成接受"流行"，如"流行歌曲""流行音乐""新书热"等。

① 一个人在望天…

② 两个人在望天…

③ 三个人在望天…

④ 我刚出鼻血，你们在看啥？

四是会对那些真正富有独创意义的信息作品加以拒绝，从而挫伤少数传播者探讨真理的积极性。

五是多少抑制了受传者理解信息的个人主观能动性。因此，从众效应也是优点与缺点并存、有利与不利同在。

第三节　感染力作用案例

疾病控制和预防中心之所以出名，是因为这里研究 HINI 病毒的爆发，更早之前还研究过艾滋病病毒的爆发。但他们也关注长时期内国民健康的变化，包括美国每个州肥胖率的变化。在 1990 年，美国没有一个州的肥胖率达到或高于 15%。到 1999 年，有 18 个州的肥胖率在 20%～24% 之间，但没有一个州达到或高于 25%。到 2009 年，只有一个州（科罗拉多州）和哥伦比亚地区的肥胖率低于 20%，其他 33 个州的肥胖率都达到或高于 25%。

卫生部官员和媒体是这样形容这个趋势的——肥胖传染病。哈佛医学院的尼古拉斯·克里斯塔斯（Nicholas Christakis）和加州大学圣地亚哥分校的詹姆斯·福勒（James Fowler）两位科学家被这形容震惊了。他们想知道，体重的增加是否以和其他传染病（如流感）相同的方式在人群中传播。为了找到答案，他们拿到了弗雷明汉心脏研究所的数据。这家研究所在 32 年里跟踪调查了马萨诸塞州弗雷明汉 1.2 万多名居民的状况。调查开始于 1948 年，当时共有 5 200 名参与者。1971 年和 2002 年又有新一代的居民加入调查。数十年来，该地居民一直汇报自己的个人信息，包括自己体重的变化，以及与研究中其他人的社会关系。

通过一段时间对参与者体重的观察，两位科学家发现了像传染病一样的现象——肥胖是会传染的，它会在家庭内部和朋友之间传染。如果一个人身边有个朋友超重了，那么他变胖的概率就会增加 171%。如果一个女性的姐妹超重了，那么她变胖的概率就会增加 67%；如果一个男性的兄弟超重了，那么他变胖的概率就会增加 45%。

在弗雷明汉社区，不只是肥胖在传染，其他东西也在传染。当一个人开始酗酒，其整个社交圈中泡酒吧的人和宿醉的人都会变多。但是，两位科学家也发现了"自控力可以传染"的证据。如果一个人戒烟了，那么他家人和朋友戒烟的概率也会增加。克里斯塔斯基和福勒在其他社区也发现了这种传染现象。这种现象涵盖了许多种意志力挑战，如吸毒、失眠和抑郁症。尽管这个情况令人不安，但有一点很明确：坏习惯和积极的改变都能像细菌一样在人群中传播，而且没有人能完全不受其影响。

第四节　感染力实验

我们可以试着以一种快乐的方式去生活，比如用充满了喜悦感的方式去走路，表现得轻快活泼、抬头挺胸、步伐轻盈，同时可以暗示自己路边的人或事总有让人欣赏的一个小点。同时，我们在说话的时候，也可以让自己的语调更有变化性，无论是对别人还是对自己都有意识地多使用一些肯定意义的言辞。

当然，让自己快乐的最好方式就是保持微笑。有研究显示，保持微笑的表情 15 ～ 30 分钟，会让自己出现潜意识的积极情绪。当然了，这个笑不能是"假笑"，因为这很有可能让自己变成"面瘫怪"。就像假奶粉、假药、假币一样，"假"的东西无法给人笃定的真实感和信任感，所以，我们最好让微笑和快乐的想法形成一种良性的互动。

这时，当我们逐渐养成这样的意识，我们就可以大声宣布："不要迷恋快乐，快乐也不是传说。"

研究发现，我们很容易感染别人的目标，从而改变自己的行为。比如，在一项研究中，同学们得知了另一位同学在假期打工的事，大家就都把赚钱视为自己的目标。然后，这些学生就会在实验中更努力、更勤快，以便多赚点钱。

目标传染在两个方向上都会起作用——你既可以感染自控，也可能感染自我放纵。但是，我们好像更容易感染上诱惑。如果和你共进午餐的人点了甜品，她"即时满足"的目标便会和你"即时满足"的目标狼狈为奸，一起打倒你减肥的目标。看着别人在买节日礼物时大手大脚，你的欲望就会增加，你就会希望圣诞节早上给自己的孩子更多快乐。这会让你暂时忘掉，自己最初的目标是少花点钱。

有时候，我们感染的不是某种具体的目标，比如吃零食、花钱、诱惑陌生人，而是和我们的冲动一致的、更普遍的目标。荷兰格罗宁根大学的调研人员在各种真实情景下证明了这一点。他们的研究对象是那些没有疑心的路人。他们找到了很多人们举止恶劣的"证据"，比如，明明旁边有醒目的"不准停车"标志，人们还是把自行车锁在栅栏上；明明杂货店有"购物车使用后请归还店内"的规定，人们还是把购物车留在停车场里。他们的研究显示，"打破规则"也是可以传染的。在研究人员的计划里，那些人受到他人行为的影响，忽略了这些标志。因为别人也把自行车锁在栅栏上，把购物车留在停车场里。

但结果不仅于此。当人们看到"不准停车"的栅栏旁锁着自行车时，他们更可能不遵守规定，跨过栅栏走捷径。当人们看到停车场里的购物车时，他们更可能把垃圾丢在停车场的地上。比起打破某一项规则的目标，能传染的目标范围更广。人们感染的目标是做自己想做的事，而不是自己应该做的事。

那些挨家挨户做能源使用情况调查的研究人员，决定测试一下"社会认同"对行为改变有何影响。他们设计了一个门上挂牌，以此来鼓励加利福尼亚州圣马科斯的居民缩短洗澡时间，关掉不需要的灯，在晚上用电风扇代替空调。每个挂牌上都有几句鼓励的话，一些是让居民们保护环境，另一些则更强调节约能源可以造福后代，可以减少居民的能耗费用。而强调社会认同的挂牌上只有一个声明："据报道，在你的社区里，99%的人关掉了不需要的灯来节约能源。"

在4周的时间里，共有371个家庭每周会收到一个挂牌。重要的是，每个家庭总是收到相同的鼓励的话。例如，一家人会连续收到4个强调社会认同的挂牌，或4个写着"造福后代"的挂牌。为了弄清楚哪种激励最有效，调查人员定期到每个家庭去抄电表。他们还拿到了这些居民收到挂牌前后几个月的电费账单。结果表明，唯一能减少家庭能源使用的话是'别人都这样做"，其他的话（也是人们宣称自己节约能源的理由）对他们的行为毫无影响。

父母经常批评孩子睡懒觉，不爱做家务等不好习惯，孩子们最大的借口就是大家都这样！

第五节　职场故事

陈珊3年前毕业于某医药专科学校，后来在一家药店实习，因为工作表现出色，被经理极力留了下来。为了能够留住她，经理破例将她安排在大家都向往的质管部，并让她协助质管部主任的工作，薪酬待遇也比其他新来的店员"更胜一筹"。

春节前夕，她接到了大学同学的邀请函，说准备在节前搞一次同学聚会。在这次聚会上，她忽然觉得自己是那么"渺小"，身边的同学一个个大谈工作成就，他们有的已经当上了部门经理，有的在药厂当业务员，拿着比自己高出几倍的薪水，还有的已经在城里买了房子、车子……陈珊仅存的一点优越感一下子就没有了，一时间觉得自己是那么"贫穷"，和那些出入高档写字楼、着装优雅的同学相比，她觉得自己在药店工作的琐碎和卑微。

为了改变自己的现状，陈珊当即决定要跳槽，并把这个想法告诉了几位要好的同学，让他们帮助介绍工作。很快，有个在药厂上班的同学电话通知她："我们公司正在招聘业务员，主要负责区域销售。你有意向没有？"陈珊一看机会来了，马上向经理递交了辞呈，另攀高枝去了。

在新的工作环境里，陈珊刚开始也充满了激情，休息日也常常加班加点，全力开发市场。转眼两个月过去了，她的工作却没有任何起色。因为自己学的并非营销专业，而且不善于与人交际，因此，即便付出了不少辛苦却仍没有得到应有的回报，而公司发的只是每月1000多元的基本工资，勉强够支付交通费、电话费和住宿费。这让她有点心灰意冷了。

她开始怀念自己在药店的工作和生活：虽然待遇也只是 1000 多元，但在药店的福利不错，而且食宿全免费，每月的工资是纯收入，非常稳定；虽然在药店工作很琐碎，但是自己的药学知识却能派上用场，每天过得非常充实；虽然不能那么光鲜地出入高档写字楼，但在药店与同事的关系却相处得很融洽，而且自己也非常受经理器重，也许明年考取执业药师证后就能成为质管部主任了……

陈珊怎么也没想到，自己的"跳槽"竟然变成了"跳崖"，眼前的"馅饼"也成了"陷阱"，并且深陷其中，她为此懊悔不已。

本 章 小 结

情绪对一个人的影响是很大的，因为每一种情绪都犹如强大的病毒一样，很容易"传染"他人。笑脸对人，得到的是笑脸；恶语对人，得到的是恶语；认真地对待生活，生活也会给你以真诚的回报。

对待生活也是一样，我们呈现出怎样的情绪，就会被怎样的情绪击中。如果我们是喜悦的，同样的，我们传递给他人的也是喜悦，大家一起心情舒畅；如果我们是悲伤的，我们传递给他人的也是悲伤，当悲伤聚集到一起的时候，我们的内心会因为承受不住悲伤巨大的压抑而濒临崩溃的边缘。

在面对情绪影响甚至左右个人认知行为时，学会控制自己的情绪是成功的要诀。那些情绪健康的人，往往神采飞扬、激情澎湃，他们肯冒险、爱创新，善于把握生命中出现的每个机遇，从而让人生处于一种最佳的竞技状态。反之，情绪低迷的人，竞技状态比较差，也更容易遭到失败。

课 余 训 练

在你的社交圈子里，有没有其他人和你有同样的意志力挑战？

你在模仿谁？睁大你的眼睛寻找蛛丝马迹，看看你有没有模仿别人的行为。

你最可能从谁身上学到东西？

谁是你"最亲密的别人"？

有没有什么行为是你从他们身上学到的？或者说，他们有没有从你身上学到一些行为？

第十一章 学会选择懂得放弃

第一节 情境导入

沃尔夫博士和他的同事做了一个实验，他们让参加实验的志愿者观察几千张图片。他们把每一张图像都放在十分繁杂的背景之下，然后再让志愿者报告自己是否看到某一件工具，比如锤子或者扳手。

实验中，当某一工具多次出现时，志愿者的辨识度就相对偏高，错误率仅 7%；但是，当某工具出现次数很少，如一次的时候，那么志愿者对此工具的辨识度就会直线下降，错误率上升为 30%。

这个实验其实表明了我们的一种"退出门槛"心理。即我们的目标如果在特定时间里无法实现，那么一般情况下我们会选择放弃。正如实验中的志愿者在面对出现次数较少的工具时，会很快地承认自己无法找到，也就是更倾向于加快自己的放弃速度，压缩自己能够忍受的退出时间。

从这个实验及其结论可以看出，人们天生具有在遇到阻碍时更加倾向于放弃，以使自己少走弯路。

舍得，最早出自《了凡四训》。舍，古人写作"捨"，即用手拿东西给人。得即得到。当"舍得"二字组合在一起成为一个奇怪的联合词组的时候，古人创造的两个微妙平等的汉字，暗示我们：舍，在得之前，先舍才能得。从那时起，它就成为一种精神、一种智慧、一种境界。"舍得"二字，在我国的语言中有着丰富的内涵。佛教教义里有一条关于舍得的解释是："舍得"者，实无所舍，亦无所得，是谓"舍得"。

从古至今，多少人把"舍得"二字诠释得精彩至极。王昭君舍弃了锦衣玉食的宫廷生活，踏上了黄沙漫天的西域之路，得到了天下的一时太平与后世的无限赞美；祝英台舍弃了世间的一切繁华，化作一只蝴蝶，却得到了海枯石烂和天长地久的爱情；越王勾践在被吴王夫差打败后，舍弃了君王一时的尊严，卧薪尝胆，经过十年的反思和历练，他又重新夺回了天下……这些便是舍与得的精彩。美国著名的人际关系学大师、西方现代人际关系教育的奠基人卡耐基说："我们在生活中获得的快乐，并不在于我们身处何方，也不在于我们拥有什么，更不在于我们是怎样的一个人，而只在于我们的心灵所达到的境界。"舍得就是这样的一种人生境界，它不是用现代世俗的金钱与地位来衡量的。

第二节　选择与放弃的辩证关系

选择是人生成功路上的航标，只有量力而行的睿智选择才会拥有更辉煌的人生。放弃是智者面对生活的明智选择，只有懂得何时放弃的人，才会事事如鱼得水。

人生就是一个不断放弃而又不断获得的循环往复的过程。我们放弃了团聚，便有了千里之行；我们放弃了侥幸，便有了事业的成功；我们放弃了安逸，便有了精彩的人生……放弃已经超越了失去的含义，升华成一种生存的艺术。

只有豁达的人懂得"舍"与"得"的哲理。人生是需要随时面临选择与放弃的，不放下过去的伤痛，你就永远无法尝试新的快乐；不埋藏旧的记忆，你就无法面对新的开始……选择与放弃是一个人的立世之本，但并非每个人都能做到，成功与否，要看我们能否合理取舍。在瞬息万变、诱惑四伏的现实社会里，更需要人们保持一种平淡沉稳、从容自若的心态。远离浮躁，从容选择，是一个现代人适应社会环境的基本要求。

人的一生不可能什么东西都能得到，总有需要放弃的东西。不会放弃，就会变得极端贪婪，结果什么东西都得不到。放弃之后，我们会发现，原来我们的人生之路也可以变得轻松和愉快。生活有时会迫使我们不得不交出权力，不得不放走机遇。然而，放弃并不都意味着失去，我们反而可能因此得益。

所以，在这里我们需要明白一个概念——放弃，有时候是为了更好地掌控！

完美主义是一种人格特质，具有完美主义性格的人通常有下列特性：注意细节、缺乏弹性、注重外表的呈现、不允许犯错、自信心低落、追求秩序与整洁、自我怀疑、无法信任他人。

在生活中，如果你每做一件事都务求做到完美无缺，便会因心理负担的增加而不快乐。要知道，人生的许多不幸皆因追求完美所致——你既想要工作符合自己的兴趣，又希望它能够给你带来丰厚的薪水；你既想要自己的妻子美丽大方，又希望她能够温柔多情；你既想要自己的丈夫高大威猛，又希望他物质充裕；你既想要轻松地过日子，又想要用少量劳动得到许多财富；……显然，这些"过于完美"的状态是我们不能达到的。

每个人都想要理想的生活，这是无可厚非的。关键在于若过于想要拥有这样的生活就有些不现实了。"我要这样，我要那样，我要世界上所有的东西。"但是，你看到自己付出多少吗？付出与得到是等量交换的，你此刻得到了，说明你曾经付出过，人的成功不可能是无缘无故的。

心理学研究证明，试图达到完美境界的人更可能与成功的机会失之交臂。这类追求完美的人常常只能给自己带来焦虑、沮丧和压抑。事情刚开始，他们就担心失败，怕干得不够漂亮而辗转不安，这妨碍了他们全力以赴去取得成功。而一旦遭遇失败，他们就会异常灰心，想尽快从失败的境遇中逃出。这种追求完美却又意志力薄弱的人，看似强大，实则敏感而脆弱。

很显然，这类人背负着如此沉重的精神包袱，不止在事业上很难谋求成功，就是在自尊心、家庭问题、人际关系等方面也不可能取得满意的成果。他们抱着一种不合逻辑的态度对待生活和工作，他们永远无法让自己感到满足，每天都处于焦灼不安中。

很多时候，完美的状态是一种诱惑，你控制不住自己，你想要尽力去追求和把握，你抵抗不了这种诱惑。但是，事事追求完美，万事皆要拼命做好，表面上这的确是一件好事，但它却会使你陷入困境。从某种程度上来说，要求尽善尽美实际上是一种惰性，一个人在为自己制定一些尽善尽美的标准时，本身就已经意味着不想去尝试新事物，因为他认为自己已经给"完美"制订了一个最好的方案。

心理学上有一个理论：有些人过于苛求完美，就容易过分计较细节，结果有可能忘了最重要的目的。

有人因为苛求自己在职位上尽忠职守，而忘了继续追求进步、奠定升迁的根基；有人因为苛求自己做全天下最体贴的父母，而忘了让孩子独立；有人因为苛求自己做一个完美的配偶，而对伴侣的无理百般纵容；有人因为苛求自己符合完美的媳妇形象，而忽略了她这辈子最重要的是活出自我。

将力求完美的目标扩大，将脚步放缓，将心境放宽，与其自我牺牲来满足别人的要求，不如试着反过来在满足自己需求的同时兼顾他人。

从表面上看，我们靠选择制造我们的命运，人一生中充满了大大小小的选择，小到在餐馆点菜，大到选择信仰，选择不同道路也迥然不同。其实选择的本质不在于选择的本身，不在于明智准确的决断。人生决不是投机，也不是赌博，而是内在心灵的充实和自由。只有全心探索自我，认识自我，才是稳定恒久的立身安心的基本。只有这样，才能突破观念的局限，"无为而无所不为"，实现人生选择的自由，而不是在飘移浮动的潮流中沉浮不定，丧失自我，迷失选择。

选择的反面是放弃！

选择放弃，并不是选择走一条让自己痛苦的路。许多人做事总是把眼前利益看得很重，结果反而失去了长远的利益。但是，能够看到别人所看不到的利益，是成功者最大的特征。我们不要单纯为眼前的利益心动，要学会控制自己的欲望，抵制一时的诱惑，因为能够透过诱惑看到长远利益的人才是成功的人。

2008 年 9 月 15 日，由于受次贷危机影响，美国雷曼兄弟公司出现了巨额亏损，申请了破产保护。作为华尔街的巨无霸之一，雷曼兄弟公司破产冲击了整个金融市场，引发了全球"金融海啸"。处在这样一个经济危机的环境中，如何选择，如何放弃，是关系到企业和个人能否生存和发展下去的关键。

生活中很多事情都是选择的结果，而每个选择必然都有反面，即放弃。拿报纸出版来说，从头版新闻到影视评论，每一个版面的组成都是编辑选择的结果。选择刊登这条消息，就等于放弃了另一些内容。这样做只是为了在被广告日益挤压的狭小空间里，争取把最有价值的东西摆在读者面前。再比如每个大学生毕业后，肯定都会考虑是去工作，还是出国，或者去考研，或者去西部做志愿者，选择其中一个，你就得放弃另外的几条路，甚至可以这样说，只有当你能够放弃其他的方式，你才能安心地选择剩下的一种。

人生在世，有许多东西是需要放弃的。在仕途中，放弃对权力的追逐，随遇而安，得

到的是宁静与淡泊；在淘金的过程中，放弃对金钱无止境的掠夺，得到的是安心和快乐。苦苦地挽留夕阳，是傻人；久久地感伤春光，是蠢人。什么也不放弃的人，往往会失去更珍贵的东西。今天的放弃，是为了明天的得到。

生活千层百面，人生万千气象。尽管如此，人生不如意之事也十之八九，所以，苦涩的记忆是一个擦不掉的印迹，每尝一次都会觉得肝肠寸断。为了让自己放松一些，快乐一些，何不有选择性地记忆，放弃那些遗憾，选择甜一点儿的，不那么苦的；选择美妙的，丢弃丑陋的，笑忘不快之事。

下面这段师徒的对话很好地诠释了舍与得的辩证关系。

师父问：如果你要烧壶开水，生火到一半时发现柴不够，你该怎么办？有的弟子说赶快去找，有的说去借，有的说去买。师父说：为什么不把壶里的水倒掉一些呢？世事总不能万般如意，有舍才有得。

第三节　选择与放弃案例

法国人从越南撤走以后，一个农夫和一个商人在街上寻找财物。他们发现了一大堆烧焦的羊毛，两个人就各分了一半背在自己身上。

归途中，他们又发现了一些布匹。农夫将身上沉重的羊毛扔掉，选了些自己扛得动的较好的布匹。商人却将农夫丢下的羊毛和剩余的布匹统统捡起来背在自己身上，重负使他气喘吁吁，步履维艰。

走了不远，他们又发现了一些银质的餐具。农夫将布匹扔掉，捡了些较好的银器背上，而商人却因为沉重的羊毛和布匹压得他无法弯腰而难以捡到农夫拾剩下的银餐具。

天降大雨，商人的羊毛和布匹被雨水淋湿了。他饥寒交迫地走着，最后摔倒在泥泞中；而农夫却一身轻松地迎接着凉爽的雨回家了。他变卖了银餐具，生活颇为富足。

是啊，生活中太多的机会、太多的诱惑，也有太多的欲望，可我们毕竟分身乏术，脚踩两只船都会晃悠，更何况三只、四只呢？许多时候，得到就是失去，而失去也就是得到，舍得舍得，就像那个农夫一样，有舍才有得啊！

生活就是这样，在坚持选择什么的同时，你也选择放弃了另一些东西。人往往就是因为舍不得放弃，选择才变得异常痛苦。但也正因为舍不得放弃，人生才变得异常沉重，甚至因为不堪重负而过早地衰亡。要知道，翅膀上系着黄金的鸟儿是飞不起来的。

莉娜出身于一个保守的家庭，受家庭的影响，她的想法很传统，甚至有些偏激。她有一个男友，她深深地爱着他，但是最让莉娜不满意的是，她的男友从事的是园艺花卉方面的工作。虽然男友在这方面很出色，并且也获得了许多的荣誉，但是在莉娜的观念中，这不是男人该做的工作，她甚至觉得男友有些不务正业。她甚至偏激地想，让别人知道了自己的男友是一个花匠，或许自己会受到嘲笑。

一次，她在看到男友小心地照料花卉的时候，忍不住大声喊出来："你就不能像个男人一样吗？整天摆弄这些花花草草的，你难道不觉得丢人？"

男友冷冷道："我只是做我爱做的事情，我喜欢照料花花草草，我也不觉得做这样的工作丢人！"

"我不管，反正我已经托人给你找了一份工作，你以后就别摆弄这些东西了。"

"亲爱的，我尊重你的想法，但是请你不要随便改变我的理想！"

莉娜很生气，不知道男友为什么不听自己的话。

其实，每个人的想法都不会完全相同，所以人与人之间就更需要理解和宽容。在上面的故事中，园艺花卉不见得是不好的职业，莉娜完全没有必要强求对方按照自己的思维模式来思考。

第四节　偏执性格测试

我们生活中有很多坚持自己想法的人，这样的坚持有时候显得十分可爱，十分有原则，但是我们也需要清楚一个概念，就是合理的坚持才叫坚持，不合理的坚持则叫固执甚至是偏执。

偏执的人总是喜欢以自己的标准来衡量一切，以自己的喜怒哀乐决定一切，缺乏客观的依据。一旦别人提出异议，他就立刻转换脸色，对别人正确的意见也听不进去。偏执的人往往极度敏感，对侮辱和伤害耿耿于怀，心胸狭隘；对别人获得成就或荣誉感到紧张不安，妒火中烧，不是寻衅争吵，就是在背后说风凉话，或公开抱怨和指责别人；自以为是，自命不凡，对自己的能力估计过高，惯于把失败和责任归咎于他人，在工作和学习上往往言过其实；很挑剔，总是过多过高地要求别人，但从来不信任别人的动机和愿望，认为别人心存不良。

你是一个偏执的人吗？用下面的小测验来测试一下：

没有（1分），很轻（2分），中等（3分），偏重（4分），严重（5分）。

- 对别人求全责备。
- 责怪别人制造麻烦。
- 感到大多数人不可信。
- 有一些别人没有的想法和念头。
- 自己不能控制发脾气。

- 感到别人不理解你，不同情你。
- 别人对你的成绩没有做出恰当的评价。
- 感到别人想占你便宜。

答案：10 分以下，不存在偏执情况，你是个心平气和的可爱的人。

11 ~ 24 分，可能存在一定程度的偏执，如果总觉得环境不顺心，要注意警惕，原因可能是由自己引起。

25 分以上，你有可能出现偏执的症状，要学会控制情绪，不要"走火"。

第五章 职场故事

小张应聘到这家公司已经 3 个月了，人力资源部通知他和小王说，下午老板要请吃饭。这是老板最后拍板决定两个人中哪一个会被留下来做经理助理。

论资历，小张要比小王强，两人计算机操作不相上下，但小张文字处理能力要强于小王，而小张手上有发表在大大小小报刊的文章好几十篇；论人际关系，小张当然要比小王强，公司上下就属小张人缘好，而他竟然冒失鬼一样和两名同事红过脸，更不可原谅的是他竟然固执地坚持自己的观点和女老板争吵，弄得她很生气。人力资源部经理向小张透露过，公司女老板很赏识他，说他有才干，协调能力强。下午的宴会似乎就是决定让小张做经理助理的时候了。

吃饭的时候，小张被安排坐在老板的左手位置，小王坐在她的右手位置。女老板是个左撇子，她的高脚酒杯总是放到左侧，以至于影响小张伸筷子夹菜，只好就近夹点菜吃，弄得最后只吃了个半饱，但让小张高兴的是，老板兴致很高，把两个都表扬了一下，并且特别表扬了小张凭一支妙笔，为公司写的文章在报纸上刊登影响颇大，是难得的人才。人力资源部经理向小张暗做庆贺的动作，小张心领神会。

要知道，正式做经理助理这个职位，月薪将是 1 万元，另外晋升机会更多。就目前状况来看，小张是稳操胜券了。

第二天一早小张就奔公司而去。人力资源部经理通知小张去交接工作，然后到财务结算工资。而小王正式做了经理助理。

小张大吃一惊，赶忙问问题出在哪里。他说："经理对你的能力评价很高，本来打算让你做助理职位的，可昨天下午的酒宴让她改变了主意。她故意把高脚酒杯朝你那里放，妨碍你吃菜，而你竟然不大胆提出这个问题来，而是逆来顺受，最终肯定没有吃好吧？于是，她觉得你缺乏大胆革新的精神。另外，她还说了一句话——选择最好的并不一定是最好的选择。"

本章小结

选择与放弃，是一种心态、一门学问、一套智慧，是生活与人生处处需要面对的关口。昨天的放弃决定今天的选择，明天的生活取决于今天的选择。人生如演戏，每个人都是自己的导演。只有学会选择和懂得放弃的人，才能赢得精彩的生活，拥有海阔天空的人生境界。

课余训练

想象一下．我给你一张90天后可以兑换的100美元支票。然后，我试着跟你讨价还价：你愿意用它来交换一张可以即时兑换的50美元支票吗？大多数人都不会这么做。但是，如果人们一开始拿到的是50美元的支票，然后有人问他们，是否愿意拿它来交换一张延迟兑换的100美元支票，大多数人都不会同意。你最初得到的奖励就是你想保留的东西。

原因之一是，大部分人想避免失败。也就是说，我们确实不想失去已经得到的东西。比起得到50美元的快乐，失去50美元的不快对我们影响更大。当你先想到的是未来的大奖励，然后再考虑把它换成一个即时的小回报时，这感觉像是损失了。但是，当你一开始想到的是即时的奖励（你手中的50美元支票），然后再考虑延迟满足感能得到更大的奖励，这看起来也像是损失了。

经济学家发现，你会找到更多的理由，解释为什么你先想到的奖励是合理的。那些一开始就问自己"为什么我应该拿50美元支票"的人，会想出更多的理由支持即时的满足感（比如，"我真的需要用这些钱"，"谁知道100美元的支票90天后能不能兑现呢？"）。那些一开始就问自己"为什么我应该拿100美元支票"的人，则会想出更多的理由去支持延迟的满足感（比如，"这可以多买一倍的东西呢"，"90天后我会和现在一样需要用钱"）。当人们首先想到未来的奖励时，未来奖励的折扣率就会大幅下降。

无论面对什么样的诱惑．你都可以利用以下方式抵抗即时的满足感：

（1）当你受到诱惑要做与长期利益相悖的事时，请想象一下，这个选择就意味着，你为了即时的满足感放弃了更好的长期奖励。

（2）想象你已经得到了长期的奖励。想象未来的你正在享受自控的成果。

（3）最后扪心自问：你愿意放弃它，来换取正在诱惑你的短暂快感吗？

第十二章 | 科学的健康观念

第一节　情境导入

让我们认识一位亿万富翁——霍华德·休斯。这位20世纪初的知名人物并不仅仅是一个坐拥25亿美元资产的超级富豪，而且是拿过奥斯卡奖的电影导演和制作人、创造过飞行记录的飞机设计师和驾驶员、深受女性——包括凯瑟琳·赫本——喜爱的大英雄。然而20世纪50年代，正值壮年的霍华德饱受疾病困扰，从公众的视线中消失。

霍华德很年轻的时候就感染了梅毒，他曾经烧毁了自己的全部衣物，就因为担心梅毒细菌会寄生在他的衣物中。1946年，他曾经在飞机事故中折断了六根肋骨并受到大面积烧伤，治疗过程中大量使用吗啡和止疼药，又让他染上了毒瘾。霍华德很早就表现出强迫性神经症，吃豆子的时候要用一个特殊的叉子，把豆子按大小排序后再吃。去世的时候，70岁的霍华德血液中含有致命剂量的可卡因和大量的地西泮（diazepam，镇静类药物），胳膊里有一支折断的针头，还有严重的营养不良。

传染病、物理损伤、神经性官能症、营养不良和药物滥用，霍华德身上几乎包含了疾病的所有种类。相信没有几个人愿意过这样的生活——即使用亿万美元来换。

2015年，某大学信息学部宿舍，一名男生坠楼身亡。该学生面部朝下，身穿白色衬衫，黑色短裤，现场血浆流出。在事发现场，对该生坠楼的原因，学生们众说纷纭。但从其同学口中了解到，该男生跳楼原因可能有二：其一是因其挂科太多面临拿不到学位证，其二是未能找到理想的工作。

亲爱的，你怎么就跳得下去呢，那份困难究竟是有多难，那个坎儿究竟是有多过不去，你实在走不下去了吗？比起那些被天灾人祸伤害过的人，你能有幸活着，拥有生命和健康去感受世间百态，多好。你那么年轻，人世还有那么多美好还没有经历和享受，你舍得吗？

第二节　健康观念概述

什么是健康？世界卫生组织（World Health Organization，WHO）成立时，在它的宪章中写道："健康乃是一种在身体上、心理上和社会上的完满状态，而不仅仅是没有疾病和虚弱的状态。"把人的健康生物学的意义，扩展到了精神和社会关系两个方面的健康状态，把人的身心、家庭和社会生活的健康状态均包括在内。

毋庸置疑，健康首先是"没有疾病"。疾病是机体在一定的条件下，受病因损害作用后，因自稳调节紊乱而发生的异常生命活动过程。在疾病状态下，人体的形态或功能发生一定的变化，正常的生命活动受到限制或破坏，或早或迟地表现出可觉察的症状，这种状态的结局可以是康复或长期残存，或者导致死亡。

现代医学对人体的各种生物参数都进行了测量，计算出一个均值和95%健康个体的所在范围，习惯上称这个范围为"正常"，超出这个范围是"不正常"。疾病便属于不正常的范围。在许多情况下，这一定义是适用的，但是适应功能的不良并不一定是疾病，如一个长期缺乏体力活动的脑力工作者不能适应常人能够胜任的体力活动，稍有劳累就腰酸背痛，这不一定是有病。

疾病种类很多。世界卫生组织1978年颁布的《疾病分类与手术名称》第九版（ICD-9）记载的疾病名称就有上万个，还不断有新的疾病加入进去——比如1981年发现的获得性免疫缺陷综合征（Acquired Immune Deficiency Syndrome，AIDS）。

人类的疾病概略说来有两大类。一类是生物病原体引起的疾病，包括病毒、细菌、真菌、原虫等。由于病原体具有繁殖能力，可以在人群中从一个宿主通过一定途径传播到另一个宿主，使之产生同样的疾病，故称可传染性疾病。随着现代医学的发展，传染病已经得到了比较有效的控制；另一类非传染性疾病则更难以应对。肿瘤、冠心病、脑出血都属于非传染性疾病，在大多数富裕国家，这些疾病在死因中都居于前三位。

非传染性疾病包含以下几种类型：

（1）营养性疾病。体内各种营养素过多或过少，或不平衡引起机体营养过剩，或营养缺乏以及营养代谢异常而引起的一类疾病。包括营养不良和过营养性疾病。

（2）异常的细胞生长。这是造成死亡最多的疾病之一。细胞的不正常生长称为增生。增生时细胞的形态并未改变，仍具有原来细胞的功能，如甲状腺细胞增生，引起甲状腺增大，分泌甲状腺素过多，出现甲状腺功能亢进。正常细胞的增殖有一定限度，增殖的调节机制削弱就出现细胞的增生，调节机制完全丧失就导致癌症。

（3）物理和化学损伤。物理因素可以造成创伤、烧伤、电击伤、放射性损伤等。化学损伤可以是急性的，如化学烧伤；也可以是慢性的，如饮用水中含氟量过高造成氟骨症、有机汞中毒引起的水俣病；甚至表现在下一代身上，如"反应停"造成的短肢畸形。许多药源性疾病也是化学损伤。

（4）遗传病。遗传物质改变造成的疾病。

（5）免疫源性疾病。包括对环境中某种抗原物质反应过强，如各种过敏症；或者免疫系统对自身的组织产生不应有的免疫反应，即自身免疫，如类风湿关节炎。

（6）精神障碍。可分为器质性及非器质性两大类。器质性心因性疾病有明显的遗传倾向，特别是精神分裂症。药物和一些化学物质（如铅、类固醇激素）也常常引起精神症状。非器质性心因性疾病是人面临生活中的压力而表现出来的精神症状，焦虑和抑郁是最普遍的症状。非器质性心因性疾病的症状实际上可包括全身每一个系统，并可以同任何器质性疾病混淆，构成心身疾病。

（7）老年性疾病。在增长年龄的正常退化和老年性疾病引起的退化之间很难划出一条清楚的界线，以前人们会认为衰老是"自然现象"，但是现在人们开始将衰老视为疾病。

生物学研究表明，哺乳动物的寿命一般是其生长期的 5～7 倍。由此推论，人的预期寿命就应该是 100～175 岁。为什么我们大都没有达到呢？主要的一个原因就是人们并不太重视身体保健。毫无疑问，觉得身体健康，不等于身体没有病。病变是一个漫长的从量变到质变的过程，感觉很好不等于就没有病变。就像一辆汽车，故障并不是突然形成的，而是缺少了日常的维护。

Disease Model 疾病模型	Health Model 健康模型
Focus on weaknesses 专注于弱点	Focus on strengths 专注于长处
Overcoming deficiencies 克服缺陷	Building competencies 培养能力
Avoiding pain 消去痛苦	Seeking pleasure 寻求快乐
Running from unhappiness 逃离忧愁	Pursuing happiness 追求幸福
Neutral state (0) as ceiling 非负性（0 态）即是极限	No ceiling 无极限
Tensionless as ideal 【comfort zone】 无张力（无压力）最理想 【舒适区】	Creative tension as ideal 【stretch zone】 创造性的张力最有理想 【延伸区 / 学习区】

心理健康是人的健康不可分割的重要方面。从广义上讲，心理健康是指一种高效而满意的、持续的心理状态。从狭义上讲，心理健康是指人的基本心理活动的过程内容完整、协调一致，即认识、情感、意志、行为、人格完整和协调，能适应社会，与社会保持同步。生活在纷繁复杂的现代社会环境里，就要求人必须具备较高的心理素质来适应时代与社会的要求。

人的心理健康状态的分布类似一个枣核，大多数人都处于中间的位置，代表的是平均心理健康水平，他们相对而言没有心理疾患。但是只有顶端所代表的才是真正健康的个性，这是心理健康水平的最优点。处于一般心理健康水平的人，如果不向更高的水平发展，其生活是不可能富有、幸福和丰富多彩的。即使没有什么心理疾患，也满足了自己的一切需要和动机，仍然不会感到幸福。

除了心理极其健康的人，还有一类人不会被心理问题所困扰，就是心理疾病已经严重到已经丧失自知力的人。自知力就是自我察觉的能力，即能否判断自己精神状态是否正常，能否正确分析和识辨，并指出自己既往和现在的表现与体验中，哪些属于病态。一个自知力完整的人，通常能认识到自己患了病，并要求治疗。如神经官能症病人，大多数具有完整的自知力，他们主动向医生诉说自己的不适，要求给以诊治，并积极配合医生治疗。而严重精神病患者一般是不知道自己患病的，也拒绝承认自己患病，就好像醉汉宣称"我没醉"一样。虽然丧失自知力的人因为麻木而没有任何不适感，但是每个正常的人都会承认这样的人是不健康的。

不少人认为生理健康和心理健康是两个没有关系的概念。实际上，这是不正确的。在现实生活中，心理健康和生理健康是互相联系、互相作用的，心理健康每时每刻都在影响人的生理健康，心身疾病的概念就是在这个基础上提出来的。

所谓心身疾病，就是指那些心理或社会因素在疾病的发生和发展中起主导作用的躯体疾病。由于它具有生理上的障碍，因此心身疾病又称为心理生理疾病。总之，心身疾病是一种生理上的躯体疾病，但又与一般的生理性疾病不同，而且也不同于神经症，因为神经症只具有比较模糊的躯体症状，往往找不到具体的器质性改变。

典型的心身疾病有消化性溃疡、类风湿关节炎、甲状腺机能亢进、支气管哮喘、冠心病等。几乎包括所有慢性躯体疾病，如糖尿病、肥胖症，甚至癌症都可以纳入心身疾病范畴。针对心身疾病的特性，单纯依赖于药物治疗是片面的，难以完全奏效，必须结合积极有效的行为干预和心理护理，方能提高病人的主观能动性和自我抗病能力，防止不良心理的刺激，改善病情，增进效果。心身疾病的心理干预手段，应视不同层次、不同方法、不同目的而决定。

职业健康是对工作场所内产生或存在的职业性有害因素及其健康损害进行识别、评估、预测和控制的一门科学，其目的是预防和保护劳动者免受职业性有害因素所致的健康影响和危险，使工作适应劳动者，促进和保障劳动者在职业活动中的身心健康和社会福利。

1950 年，国际劳工组织和世界卫生组织的联合职业委员会给出的定义为：

职业健康应以促进并维持各行业职工的生理、心理及社交处在最好状态为目的；并防止职工的健康受工作环境影响；保护职工不受健康危害因素伤害；并将职工安排在适合他们的生理和心理的工作环境中。

影响职业健康的因素有化学因素（如油漆、天然气），物理因素（如噪声和空气质量等），环境危害因素（如工业废料、生活垃圾等）。

在健康与疾病之间，存在一种"第三状态"，即机体内出现某些功能紊乱，主观上有不适感觉，但未影响到行使社会功能。这是人从健康到疾病的中间阶段，所以又称亚健康状态。处于亚健康的人经常会出现烦躁、失眠、心悸等不适，这些症状时隐时现，不用吃药也能自行消失，但又不能彻底消除，去医院进行检查，大多又查不出有何种具体的疾病。典型症状有记忆力下降，注意力不集中，思维缓慢，反应迟钝，不良情绪，不自信，安全感不够。这种介于健康与疾病之间的状态，表面上看对人体危害不大，仅表现为机体能力降低，但是其潜在威胁是不容忽视的，它往往是一些慢性疾病，如糖尿病、心脑血管病、癌症的前兆。学习正确的健康知识，养成良好的生活习惯是维护健康、抵御疾病的唯一途径。

亚健康状态多与人体的过度疲劳有关。疲劳是人的体力、精力过度消耗后的正常生理反应，是人体一种生理性预警反应，提示人们应该休息。随着疲劳的累积，人体会出现相应的生理反应，脾气变化无常，容易失望、落泪或是无缘由地兴奋。一般的疲劳通过适当的休息可以在短时间内得以缓解，但是如果疲劳得不到缓解，逐渐累积造成身体过度疲劳，就会引起慢性疲劳综合征。

很多被疲劳所困扰的人希望借助某种增强体力的药物或保健品来恢复体能，这只是被动的做法。要知道，规律的运动、均衡的饮食、适度的休闲娱乐、充分的休息、良好的人际关系、较好的工作环境等，才是减少疲劳倦怠的好办法。虽然使用适当补品可以补充缺乏的营养素，但是长期养成的良好的饮食习惯更有益于健康。

伏尔泰说："生命在于运动！"适当的运动可以增强体能，保持神经系统的生理功能，提高心理适应能力。体育锻炼习惯就是人们在健身实践中逐渐形成的，比较稳定的身体锻炼行为。它包括认识身体锻炼的作用和特点，懂得身体锻炼的一般规律，掌握身体锻炼的原理和方法，准确地评判自己的体质情况，具备身体锻炼的自觉性等几个方面。

身体锻炼行为一般是以具体情境为条件的，其习惯的形成、诱发，往往依赖于一定的情景和刺激物。形成体育锻炼习惯的人，能够根据自身能力、运动条件和周围环境，自主地进行体育锻炼。一旦形成了体育锻炼的习惯，就会产生相对稳定的态度定式，渗透到生活领域。

身体锻炼需要付出体力和心理能量，人能在锻炼中获得满足和愉悦，在活动中寻找乐趣。因此，在选择锻炼项目时应该因人而异，选择有变化且能激发起新奇感的锻炼方法和手段，使自己能够在锻炼中充分表现出运动才能，体验到锻炼的愉快情感和增强体质的实效，逐渐形成体育锻炼的习惯。

身体锻炼要能达到实效，主要在于克服自身的心理、生理上的惰性，从战胜自我中获得身体锻炼的恒心。所以，坚强的意志是形成体育锻炼习惯的条件之一，只有持续不断地进行锻炼，才能更好地形成动力定型，促进锻炼身体动机的产生，增强锻炼的内驱力，形成体育锻炼习惯。在锻炼内容的安排上，应有意识地设置一定的困难和障碍，以培养顽强的意志，不断完善主体意识，通过内部的心理动力增强自信心，学会自我调控，不断适应外界环境的刺激和内在的压力。

体育锻炼对人的健康有着非常重要的价值。体力劳动和家务劳动并非体育锻炼，绝不能代替运动。体力劳动是不规则的体力消耗，是一种输出，而体育锻炼是一种有规则的补偿、调节，具有增强身心功能和强身治病功能。要保持生活起居有常，作息有规律。

睡眠是使大脑休息的重要方法。人在睡眠时，大脑皮层大部分处于抑制状态，体内被消耗的能量物质重新合成，使经过兴奋之后变得疲劳的神经中枢重新获得工作能力。睡眠的好坏不全在于时间的长短，更重要的是睡眠的深度。深沉的熟睡，消除疲劳快，睡眠时间可减少。

熬夜是一种非常危险的不良生活习惯。很多人因为想多做点工作而彻夜不眠，结果弄得精疲力竭，身体不适。正常来说，人的交感神经系统应该是夜间休息，白天兴奋，而熬夜者的交感神经却是在夜晚兴奋。这样一来，熬夜后的第二天白天，交感神经就难以充分兴奋了。这样，人在白天会出现记忆力减退，注意力涣散、反应迟钝以及头晕、头痛等问题。时间长了还会出现神经衰弱、失眠等症状。

经常熬夜的人长期处于应激状态，一昼夜体内各种激素的分泌量较早睡早起的平均高50%，尤其是过多地分泌肾上腺素和去甲肾上腺素，使血管收缩较早睡早起的人高50%。此外，长期熬夜的人更容易遭受癌症之害，因为癌变细胞是在细胞分裂中产生的，而细胞分裂多在睡眠中进行。熬夜使睡眠规律发生紊乱，影响细胞正常分裂，从而导致细胞突变，产生癌细胞。

在不得不熬夜时，事先、事后做好准备和保护是十分必要的，至少可以把熬夜对身体的损害降到最低。熬夜前要保证晚餐的营养丰富，熬夜过程中要注意补水，但不要靠含咖啡因的饮料提神。咖啡因会消耗 B 族维生素，促进身体疲劳。如果一定要喝这类饮料，最好喝热的，且浓度不要太高。熬夜之后，最好的保护措施自然是"把失去的睡眠补回来"。如果做不到，午间的 10 分钟小睡也是十分有用的。

想睡觉又睡不着，这就是失眠。失眠也是困扰很多人的疾病。根据研究，有 25% 的人有过失眠症，那些迟迟难以痊愈的患者却往往是强烈求治者，多数不求医者反而会自愈。这其中的原因在于求治者大多有神经质的疑病倾向，过分追求完美的人格，常对自己的身体、心理、人际关系等过于敏感和关心。

被习惯性失眠困扰的人一般会求助于医生，或是自己购买安眠药服用，但是长期服用安眠药容易造成药物依赖性，以至于没有服药时根本无法自然入睡。

过于关注睡眠问题正是引起失眠的恶性循环的开始，结果越着急越睡不着。不少失眠者采用数数的办法帮助入睡，殊不知其结果适得其反。原因很简单：数数会导致注意力集中，从而使大脑持续处于兴奋状态，结果更难以入睡。

每晚睡前喝牛奶可以帮助睡眠，因为牛奶中含有具有催眠作用的化合物色氨酸。不过牛奶含有丰富的蛋白质，蛋白质可以促进血液循环，有提神的作用，所以睡前喝牛奶应该搭配饼干、面包之类的甜点，或者在牛奶中加入糖或蜂蜜。高糖食物可以促使血管收缩素的分泌，使人产生睡意，同时帮助人体维持晚间的血糖水平，从而有效地避免过早苏醒。

第三节　科学健康案例

在心理疾病中，抑郁症是最容易侵袭现代人的恶魔。抑郁是一种非常普遍的病态情绪，很容易化解，但是如果得不到有效的调适，后果可能会非常严重，甚至致命。这种状况和感冒非常类似，因此心理医生把抑郁情绪称为"心灵感冒"。抑郁并不专属任何特定人群，有可能发生在任何人身上。

心境低落是抑郁的主要表现。抑郁的人常常不由自主地感到空虚，为一些小事感到苦闷，愁眉不展；觉得生活没有价值和意义，对周围的一切都失去兴趣，整天无精打采。抑郁的表现是多方面的，但归结起来，主要表现为心境低落、思维迟缓、意志减退的症状。

据估计，世界上生存过的人中大约有 4 万亿人有过精神或神经失常问题，而其中就有大约 1.21 万亿人患有抑郁症。如果目前人口和流行病发病趋势顺势发展，到 2020 年时，抑郁症的比例将会在总体疾病中增至 5.7%，成为发病率仅次于贫血症的疾病，而在发达地区更将会跃居首位。

较之于男性来说，女性更容易被抑郁所困扰。一项由美国医学协会发起的，对十余个国家和地区约 3.8 万人的调查显示，平均有 5% 的人患有抑郁症，其中女性的比例明显高于男性。但是也不能根据男性抑郁症较低的患病率而忽视了男性抑郁症患者。通常，女人更愿意去寻求心理保健治疗，男人即使内心压抑，也常常表现为恼怒，而不是寻求帮助。心情不畅需要发泄，面对压力就表现出沮丧，这些往往被认为不应该是男人的作为，这也就是为什么很多人总觉得男人轻易不会得抑郁症，更有许多男人并不承认自己得了抑郁症。

引发抑郁的因素有很多，自然环境是一个不可忽视的因素。许多人一到冬天就会情绪低落，这是季节性情绪失调症的表现。导致季节性情绪失调可能有多个病因，最可能的解释原因是由于有些人对大自然寒暑更替发生的不适，其诱发的根源在于人的大脑深处的松果体分泌出的一种名为褪黑素的荷尔蒙。由于冬季的光照时间明显缩短，松果体内的褪黑素会大量增加，从而改变人的正常精神状态，控制人们睡眠、食欲及荷尔蒙分泌的生物钟不能正常运作，轻微的只是使人精神萎靡不振，身体困乏，四肢无力，严重的甚至会闪现自杀的意念。在冬季昏暗寒冷的日子里，每个正常人的情绪都会或多或少地受到影响。

治疗抑郁的关键就在于能清楚地确认并承认自己的抑郁。心情不快却闷着不说，会闷出病来，有了苦闷应学会向人倾诉，能把心中的苦处和盘倒给知心人并能得到安慰的人，心胸自然会像打开了一扇门。即使面对不很知心的人，学会把心中的委屈倾诉给他，也常能收到心境立即阴转晴之效。

对于严重的抑郁症患者，根据不同患者的需求，采用抗抑郁剂药物治疗、精神疗法或综合治疗，都会有不同的效果。有 50% ～ 60% 的抑郁症患者可以通过药物治疗获得控制和缓解。但是某些抑郁症患者在服用某些抗抑郁药物后会产生危险的自杀念头，所以服用药物一定要在医生的监护下而不能自行服药，在服用药物的过程中有任何不适要随时和医生联系，以免造成无法挽回的后果，对于早期和轻度的抑郁症患者完全不必使用抗抑郁药物，而应该采用心理治疗或者环境疗法。

第四节　科学健康实验

大量研究表明，现代人所患疾病，约有三至五成是由于饮食不科学所致。十种排在前列的人类致死因素中，有 6 种与饮食相关，其中心血管病、糖尿病和癌症则为致死的主要病因，而癌症尤其与饮食息息相关。对某些国家和地区来说，改变人们某些不科学的饮食和不良的饮食习惯，可能使癌症的平均死亡率降低 35%。这在某种程度上印证了 19 世纪法国美食家布里亚·萨瓦兰（Brillat Savarin）的那句名言："国家的命运取决于人民吃什么样的饭。"

根据美国农业部提出的膳食指南，每天为摄取营养所必需的膳食可以排成一个"营养金字塔"。底层是最重要的粮谷类食物，它构成塔基。每日粮豆类食物摄取量为 400 ～ 500 g，粮食与豆类之比为 10∶1。第二层是蔬菜和水果，每日摄入量 300 ～ 400 g，蔬菜与水果之比为 8∶1。第三层是奶和奶制品，以补充优质蛋白和钙，每日摄取量为 200 ～ 300 g。第四层为动物性食品，主要提供蛋白质、脂肪、B 族维生素和无机盐，每日摄入量为 100 ～ 200 g。塔尖为适量的油、盐和糖。

一般而言，一个健康的人营养的摄入与消耗应该接近一致，也就是收支要平衡。营养缺乏和营养过多，都会有害健康。对大多数生活安定的现代人而言，造成营养不良的主要原因不是贫困，而是不健康的生活方式：减肥。由错误减肥引发的神经性厌食症更是会置人于死地。

神经性厌食症是指缺乏进食欲望及因故意节食而致使体重显著下降的一种身心疾病。多见于青年女性，发病高峰年龄为 17 ～ 18 岁，发病率为 0.16% ～ 0.37%。由于饮食结构和习惯的变化以及审美意识的改变，神经性厌食症的发病率呈上升的趋势。神经性厌食症患者最大的特点是过分关注体形，过度节食以致体重显著降低。实际上只有 33% 的患者病前有轻度肥胖，更多的人没有到肥胖的程度。患者开始时多以减少热量的摄入为特点，逐渐地完全避免食用含有高糖或高蛋白的食物，除了控制饮食之外，患者大多增加运动量，即使体重已经降低很明显，患者仍然对自己的体形和体重不满意，继续盲目节食或过度锻炼。

神经性厌食症主要受社会和心理因素影响。社会发展、职业竞争的强大压力使部分妇女为追求时尚或谋职之需，通过节食使体重降低，以达到理想的形体"完美"。调查表明，女性芭蕾舞演员和模特的患病率分别为 6.5% 和 7%，远远高于正常人群。这些患者对"什么是美"抱有顽固的偏见，以致出现对变胖的强烈恐惧。对于神经性厌食症常采用行为治疗，其原则是改变患者认识，调整患者对自我形体及健康的观念，通过合理膳食习惯，恢复患者的体重。

暴饮暴食也是一种进食障碍。很多时候，人们狼吞虎咽的原因不是饥饿或者用餐时间紧张，而是为了缓解压力。压力增加时，肾上腺会分泌一种叫作皮质醇的激素，保证人们有足够的精力。如果没有皮质醇的帮忙，人们很难在巨大压力下保持紧张的工作状态。不幸的是，皮质醇同时会刺激人体对食物的渴望，尤其是糖和脂肪。暴饮暴食是因为心理问题所致。生活中总有一些人会无法控制地、定期地（一般每周约两次）暴饮暴食，感觉好像没有办法停止"吃"这个动作，一直吃到自己难以忍受为止。这种现象通常发生在 20 多岁的人身上，并且主要是起源于心理困扰。

暴食症，或者称为神经性贪食症的患者通常都会伴随一些其他心理障碍，尤其是焦虑和情绪问题，大约 75% 的暴食症患者都伴随有社交恐惧或广泛性焦虑等情绪障碍，尤其是抑郁，也会伴随进食障碍同时出现。有心理学研究曾经指出，进食障碍只是表达抑郁的一种方式。但是，几乎所有的证据都表明抑郁是在暴食症出现之后才产生的，而且可能是对暴食症的一种反应。痛苦难过时暴饮暴食是一种消耗倾向的防御方式，通过吃东西象征性地释放了心理压力。绝大多数发胖者都承认自己有无法控制的精神压力，并且觉得食品是一种"精神安慰剂"。心情抑郁者通常到了下午和晚上都特别钟情于糖类，而且精神不良状态有暴发倾向的人常在工作中遇到麻烦但又无法抱怨时，会自觉不自觉地靠暴饮暴食来减轻所遇到的各种各样的精神压力。

很多人并不知道，在一定情况下，选择正确的食物，可以缓解心理压力和负担。摄入含糖高的食物后，会使血管收缩素，5-羟色胺在大脑中的水平不断增加，进而使人的精神状况变好。因此，含糖量高的食物对忧郁、紧张、易怒的行为或心理状态有缓解作用。新鲜香蕉中含有一种类似化学"信使"的物质，也能够帮助大脑产生 5-羟色胺。这种"信使"物质能将信号传送到大脑的神经末梢，使人的心情变得安宁、快活。因此，如果你遇到难题，思虑过度或紧张不安，甚至发生严重失眠的话，建议在睡觉前喝点脱脂牛奶或加蜂蜜的麦粥，并吃些香蕉。这些香甜可口的食物会帮助你安定心情、顺利入睡，并且睡眠质量更好。

当受到某些刺激或恐吓、心理压力过重、情绪欠佳之时，无论男女老幼，体内所消耗的维生素 C 会比平时多 8 倍。这时候，建议多吃些富含维生素 C 的新鲜水果和蔬菜，或者干脆服用适当的维生素 C 药片。这样有助于调理心情，消除情绪障碍。粗面粉制品、谷物颗粒、酿啤酒的酵母、动物肝脏及水果等富含 B 类维生素的食物，对调理情绪不佳、抑郁症等也有明显的效果。尤其是 B 类维生素中的烟酸（即维生素 B3）具有减轻焦虑、疲倦、失眠及头痛症状的明显作用。

当无名火攻上心头，无缘无故地想发脾气的时候，要多吃些富含钙质的食物，如牛奶、乳酪、鱼干及虾皮之类，或者直接服用肠道容易吸收的钙片。过不了多久，便会感到自己的脾气渐渐变得好了起来。

人体内很多重要元素，如细胞、免疫系统中的抗体，大脑内的各种荷尔蒙及神经传递介质都是蛋白质，但人体收到压力时不但会抑制高蛋白质的合成，更会不断消耗蛋白质。长期如此，很多身心病变亦随之产生。因此饮食上应配合脂肪与碳水化合物的摄取，吸收充足的蛋白质。蛋白质含量丰富的食物包括鱼类、瘦肉、坚果、乳酪、豆类等。适时补充存在于鱼类中的 Omega-3 脂肪酸及在菜油、坚果中存在的饱和脂肪酸，对人体健康有促进作用。

第五节　职场故事

2015 年，深圳某 IT 男被发现猝死在公司租住酒店卫生间的马桶上。当日凌晨 1 时，他还发出了最后一封工作邮件。该男生前在一家公司负责一个项目的软件开发。据其家人说，该男经常加班到凌晨，有时甚至到早上五六点钟，第二天上午又接着照常上班。

	第一次打卡	第二次打卡
3 月 1 日	9:52	19:14
3 月 2 日	8:49	11:22
3 月 3 日	0:21	9:19
3 月 4 日	1:51	10:12
3 月 5 日	2:12	19:26
3 月 6 日	1:29	18:14
3 月 7 日	1:41	20:28
3 月 8 日（周日）		
3 月 9 日	8:33	18:44
3 月 10 日	1:24	18:47
3 月 11 日	2:04	12:37
3 月 12 日	2:28	18:09
3 月 13 日	1:36	23:24

这一事件引发人们对青壮年猝死现象的思考，对此，广东省人民医院急诊医学科主任

李建国提醒大家，猝死不是一时造成的，长期作息不规律以及压力过大、心脑血管疾病和代谢疾病，是猝死的高危因素。猝死并非猝不可防，及时调整不健康不规律的生活方式，积极预防心脑血管疾病的发生，可避免猝死。

本 章 小 结

要想控制不良情绪、保持健康的心理状态，除了要注意自身心理修养和维持和谐、良好的人际关系之外，还要善于选择能够改善低落情绪的膳食，让食物帮助你缓解不佳情绪、消除心理障碍。运用食疗调理心理，有助于人们从低沉忧郁的心境中解脱出来。

课 余 训 练

许多坏习惯都是为了满足一定的需求而形成的，这些需求可能是减少压力、获得愉悦，也可能是寻求认同。你可以关注这些需求，用有同样效果的健康的新习惯来戒掉坏习惯。有的学生想戒咖啡，所以就用喝茶来代替喝咖啡，茶和咖啡有几乎相同的作用，当你休息的机会，茶能提神，而且不用摄入那么多咖啡因。

如果没有了坏习惯，你还能做些什么？可以做其他有趣的事来代替坏习惯。大多数的癖好和消遣需要从生活的其他部分抽调大量时间和精力。有时，关注错失的机会比试着戒掉坏习惯更有激励作用。一位学生是电视真人秀的发烧友。但当她为自己设定了"提高厨艺"的目标时，她就成功关掉了电视，并把更多时间放在琢磨厨艺上（她成功的第一步就是用厨艺节目代替真人秀. 接着从沙发上移动到厨房里进行实践。）。

可以通讨重新定义"我不要"的挑战，把它变成"我想要"的挑战吗？有时，同样的行为会被两种截然不同的思想支配，例如一位学生把"不要迟到"重新定义为"做第一个到的人"或"提前 5 分钟到"。这或许听起来没有太大的不同，但他发现，自己变得更有动力了，也没那么容易迟到了。因为，他把"按时到达"变成了一场他能获胜的比赛。如果你关注自己想做什么，而不是自己不想做什么，就可以避免"反弹"效应带来的危害。

如果你想做这个实验，请先花一周时间来关注你想做什么而不是你不想做什么。在这周的最后，想一想你在旧的"我不要"挑战和新的"我想要"挑战中分别是如何表现的。

第十三章 | 建立正确的幸福感

第一节 情境导入

有朋友送给法国启蒙思想家、哲学家丹尼斯·狄德罗（Denis Didcrot）一件质地精良、做工考究、图案高雅的酒红色睡袍，他非常喜欢，可是当他穿上华贵睡袍的时候，总是感觉书房里的家具风格不协调，地毯的针脚也粗得吓人。于是为了与睡袍配套，旧的东西先后更新，书房终于跟上了睡袍的档次。可这位法国哲学家却觉得很不舒服，因为自己"居然被一件睡袍胁迫了"。后来，狄罗德把这种感觉写成一篇文章，题目是《与旧睡袍离别的痛苦》。200 年后，哈佛大学的经济学家朱丽叶·施罗尔（Juliet Schor）在《过度消费的美国人》一书中，把这种现象称作狄德罗效应，也称为配套效应，就是人们在拥有了一件新的物品后，不断地配置与其相适应的其他物品，以达到心理上平衡的现象。

狄德罗效应可以给人们一种启示：对于那些并不必需的东西，千万别要。因为如果你接受了一件，那么心理上的压力会让你不断地接受更多不需要的东西。

狄德罗效应在我们日常生活中频繁上演。如果不小心丢掉 100 块钱，好像丢在某个地方，你会花 200 块钱的车费去把那 100 块找回来吗？可类似事情却在人生中不断发生：被人骂了一句话，却花了无数时间难过；为一件事情发火，不惜损人不利己，不惜血本，只为报复；失去一个人的感情，明知一切已无法挽回，却还伤心好久……

我们生活在一个开放和自由的信息世界，获得信息和机会的渠道越来越多，这为每个人的发展提供了机会，但也带来了精神的涣散和疲劳。海量的信息像一条河流，它变得越宽，就有越多的人淹死在里面。有很多人抱怨，现在电视频道越来越多了，但是可看的节目却越来越少了，潜台词就是：没有任何意义的节目越来越多。殊不知，狄德罗效应的影响，可能会把我们的生活变成一个遥控器，因为可选择的频道太多。结果，我们把时间都花在选台上，没有能够像以前一样，好好地欣赏过任何一个节目。选择多了，幸福却少了。

第二节　什么是幸福感

幸福是什么？让一千个人来回答，就会有一千种答案。生命中，有喜欢做的事，有健康的身体，有爱你的人，有一个乖巧阳光的孩子，有几个一段日子不见就想的朋友，这就是幸福！很多人会把事业成功以及事业成功所带来的金钱、不断增加的财富以及财富可以带来的物质享受作为幸福的基本构成要素，但最后的结果仍然是幸福感的不断流失。

计算**幸福**

让你生活快乐幸福的四个公式

之一：幸福=正面情绪－负面情绪；
之二：幸福=当下的快乐+未来的快乐；
之三：幸福=个人能力÷参考预期；
之四：幸福=个人快乐×分享人群。

经济学家保罗•萨缪尔森（Paul Samuclson）提出过一个幸福的公式：幸福＝效用÷欲望。这个公式告诉我们，幸福感类似于满足感，它实际上是现实的生活状态与心理期望状态的一种比较，两者的落差越大，则幸福感越差。也就是说，知足是幸福的充分条件，但富足不是。

哈佛大学的《幸福课》风靡全球，教授这门课的泰勒•本 - 沙哈尔（Tal Ben-Shahar）教授认为，幸福的定义应该是"快乐与意义的结合"。真正快乐的人，会在自己觉得有意义的生活方式里享受它的点点滴滴。这种解释绝不仅仅限于生命里的某些时刻，而是人生的全过程。即使有时经历痛苦的感受，人在总体上仍然可以是幸福的。

本•沙哈尔从汉堡里总结出了 4 种人生模式：

第一种汉堡，就是那只口味诱人，但却是标准的"垃圾食品"。吃它等于是享受眼前的快乐，但同时也埋下未来的痛苦。用它比喻人生，就是及时享乐，出卖未来幸福的人生，即"享乐主义型"。

第二种汉堡，口味很差，里边全是蔬菜和有机食物，吃了可以使人日后更健康，但会吃得很痛苦。牺牲眼前的幸福，为的是追求未来的目标，他称之为"忙碌奔波型"。

第三种汉堡，是最糟糕的，既不美味，吃了还会影响日后的健康。与此相似的人，对生活丧失了希望和追求，既不享受眼前的事物，也不对未来抱期许，是"虚无主义型"。

会不会还有一种汉堡，又好吃，又健康呢？那就是第四种"幸福型"汉堡。一个幸福的人，是既能享受当下所做的事，又可以获得更美满的未来。

不幸的是，据本·沙哈尔观察，现实生活中的大部分人，都属于"忙碌奔波型"。

他还认为，幸福取决于你有意识的思维方式，并总结出了以下 12 点有意识地获得幸福的思维方式：

（1）不断问自己问题。每个问题都会开启自我探索的门，然后，值得你信仰的东西就会显现在你的现实生活中。

（2）相信自己。怎么做到？通过每一次解决问题、接受挑战，通过视觉想象告诉自己一定做得到，也相信他人。

（3）学会接受失败，否则你永远不会成长。

（4）接受你是不完美的。生活不是一条一直上升的直线，而是一条上升的曲线。

（5）允许自己有人的正常情感，包括积极和消极的情感。

（6）记录生活可以帮到你。

（7）积极思考遇到的一切问题，学会感激。感激能带给人类最单纯的快乐。

（8）简化生活。贵精不贵多。对自己不想要的东西学会说"no"。

（9）幸福的第一要素是：亲密关系。这是人的天性需求，所以，要为幸福长久的亲密关系付出努力。

（10）充分休息和运动。

（11）做事有 3 个层次：工作、事业、使命。找到你在这个世界的使命。

（12）记住：只有自己幸福，才能让别人幸福。教育子女最好的方法就是做个诚实的父母。

想要获得幸福并不是太困难的事情，但应当时刻注意以下 10 个问题：

（1）遵从你内心的热情。选择对你有意义并且能让你快乐的课，不要只是为了轻松地拿一个 A 而选课，或选你朋友上的课，或是别人认为你应该上的课。

（2）多和朋友们在一起。不要被日常工作缠身，亲密的人际关系，是你幸福感的信号，最有可能为你带来幸福。

（3）学会承担失败。成功没有捷径，历史上有成就的人，总是敢于行动，也会经常失败。不要让对失败的恐惧，绊住你尝试新事物的脚步。

（4）接受自己全然为人。失望、烦乱、悲伤是人性的一部分。接纳这些，并把它们当成自然之事，允许自己偶尔的失落和伤感。然后问问自己，能做些什么来让自己感觉好过一点。

（5）简化生活。更多并不总代表更好，好事多了，也不一定有利。你选了太多的课吗？参加了太多的活动吗？应求精而不在多。

（6）有规律地锻炼。体育运动是你生活中最重要的事情之一，每周只要 3 次，每次只要 30 分钟，就能大大改善你的身心健康。

（7）睡眠。虽然有时熬通宵是不可避免的，但每天 7 ～ 9 小时的睡眠是一笔非常棒的投资。这样，在醒着的时候就会更有效率、更有创造力，也会更开心。

（8）慷慨。现在你的钱包里可能没有太多钱，也没有太多时间，但这并不意味着你无法助人。"给予"和"接受"是一件事的两个面。当我们帮助别人时，我们也在帮助自己；当我们帮助自己时，也是在间接地帮助他人。

（9）勇敢。勇气并不是不恐惧，而是心怀恐惧，仍依然向前。

（10）表达感激。生活中，不要把你的家人、朋友、健康、教育等当成理所当然的。它们都是你回味无穷的礼物。记录他人的点滴恩惠，始终保持感恩之心。

无论是 CEO 还是职员，医生还是汽车销售员，每个人都可以在自己的工作中去塑造使命感，而获得更多的幸福感——让工作变成我们的使命而不是简单的打工。Jane Dutton 说过："即使是在最受限制最乏味的工作里，员工一样可以为工作赋予新的意义。"要获得更多的幸福感，我们对工作的认可有时候比工作本身更重要。医院清洁工认定了一个事实，那就是他们的工作可以带来真正的改变，比起不认可自己工作的医生（那些看不起自己工作价值的人），他们其实是更幸福的。

英国小说家菲尔丁说："如果你把金钱当成上帝，它便会像魔鬼一样折磨你。在拜金主义、享乐主义、投机主义的驱动下，不少人只有一个目标：为金钱而活。但他们缺乏恒心与务实精神，缺乏对自己能力的认可与准确定位，因而显得异常脆弱、敏感，稍加"诱惑"就会屈服盲从。

大部分的人会认为高收入等于快乐，但事实上这个说法是错误的。高收入的人对生活会比较满足，但不会因此而比其他人更幸福，他们甚至更容易紧张，也更不会去享受生活。

令人惊讶的是，许多人在富有之后居然比在努力致富的过程中还要沮丧。"忙碌奔波型"的人认为，他们的努力可以为将来带来好处，这样想可以减少他们的负面情绪。然而一旦达到目标，发现所得到的是身体的健康变坏、亲情缺失、谁是真正的朋友等而无法使自己快乐时，他们就陷入了深深的失落中无法自拔。这时，他们会充满了绝望，因为没有目标，他们就失去了幸福的指望。

同样矛盾的是，成功反而使人们不开心。太多成功的人有着压力和烦恼的问题，他们甚至因此而酗酒或是吸毒。在成功之前他们可能也曾有不开心的日子，但他们一直相信，只要成功了，他们就会得到幸福。而当他们达到目的时才发现，原来所期望的根本就不存在。而在此时，他们感到他们的幻想（也是很多普通人的幻想）——物质和地位可以带来永久的幸福——破灭了，而陷入"现在怎么办"的深谷。在发现所有的努力和牺牲并不能带来幸福后，他们一个个都掉进了"习得性无助"的深渊。他们接着成为"虚无主义"的典型，相信世上再没有任何东西可以带来快乐，于是就去找寻另外一些毁灭性的解除痛苦的方法。

既然财富无法使人幸福，为何还是令我们如此痴迷呢？为什么获得财富可以超过寻找生命的意义呢？为什么我们以物质为标准做决定时，可以那么自然，而以内心为标准的时候却那么困难呢？

同时，有些人也怀疑舍弃地位和财富而注重追求幸福和意义，会不会导致以牺牲成功为代价？如果好成绩和好学校不再是动力，学生们会不会丧失对学业的兴趣呢？或者，如果升级和加薪已经不再吸引员工的话，他们会不会因此而不再那么努力了？在努力向"幸福型"转变的过程中，人们经常考虑它是否会影响自己的成功。

当你关注当下时刻，所有的烦恼和挣扎都会瓦解，生命之河将流淌着喜悦和安逸；当你的行动出于对当下的觉知，你所做的每一件事都会充满欢乐，即使是一个最简单的行动，都将是充满美德、关怀和爱的。

所以，不要把精力放在结果上，全心全意地专注于行动本身就好，自然会水到渠成。进入"现在"这个过程，你就不会再依靠未来的成功获取成就感和满足感，将来于你而言再不是一种救赎，你将不会再对结果耿耿于怀，成败与否不会改变你内心的存在状态，你会找到生活的意义。

追求完美是人类文明进步、社会持续发展的重要动力源。一个人如果没有对完美的期待，很容易导致做人做事随便马虎。但是若过度求全求美，会使人陷入自怨自艾的恶性循环。心理学研究证明，试图达到完美境界的人与他们可能获得成功的机会恰恰成反比。追求完美给人带来莫大的焦虑、沮丧和压抑。

快乐即知足。人类是为生活而生活，生活简单就是幸福。并不意味着我们放弃了对生活的热爱，而是在平平淡淡中寻求充实和快乐。人类之所以要努力的工作，就是为了能生活得更好，因此我们不能舍本求末，忘记了最主要的东西。作为生活主体的一个分子，你不快乐谁快乐？你不享受谁享受？难道要把所有的财富都留给后代？那么后代的财富又留给谁呢？人类的寿命是有限制的，并不是永恒的，如果以后再享受生活是很不对的想法，如果有哪一天你不幸离开了这个世界，那你之前奋斗的意义又在哪里呢？

让自己可以快乐起来的方法，就是改变我们思考的重心，不去关注我们所想要的，而是关注我们所拥有的。不是期望你的爱人是更好的人，而是试着去想她（他）美好的品质；

不是抱怨你的薪水，而是感激你拥有一份工作；不是期望你能去夏威夷度假，而是想到你家附近亦有乐趣，这有多幸福。

在"影响职业幸福感的十大因素"排行榜上，收入排在第一位，其次是个人能力的体现，再次是个人发展空间，职场人际关系和个人兴趣的实现分列第四、五位，排在第六至十位的依次是福利、工作为自己带来的社会声望、领导对自己的看法、职位高低、单位实力。

与收入"高高在上"的地位相应的是，大部分受访者认为，最能提升自己幸福感的待遇、福利是年终奖。此外，带薪年假、旅游度假、健康体检、绩效加薪等待遇、福利，也都能够对职场人的幸福感提升起到较大作用。

心理失衡的现象在竞争日益激烈的现代生活中时有发生。人们遇到竞聘落选、家人争吵、被人误解讥讽等情况时，各种消极情绪就会在内心积累，从而使心理失去平衡。消极情绪占据内心的一部分，从而使这部分越来越沉重、越来越狭窄；而未被占据的那部分却越来越空、越变越轻。因而心理明显分裂成两个部分，重者压抑，轻者浮躁，使人出现暴躁、轻率、偏颇和愚蠢等难以自抑的行为。这虽然是心理积累的能量在自然宣泄，但是却具有破坏性。

这个时候，我们就需要一种情绪的调节和转换，帮助我们找回一些正面的能量——"心理补偿"。很多人通过"心理补偿"这种方式调节了心理的失衡状态，逐渐恢复平衡，直至增加建设性的心理能量。

有这样一个形象的比喻：人好似一架天平，左边是心理补偿功能，右边是消极情绪和心理压力。你能在多大程度上加重补偿功能的砝码而达到心理平衡，你就在多大程度上拥有了完成工作，享受人生的时间和精力。

那么，应该如何去加重自己心理补偿的砝码呢？

首先，要有正确的自我评价。对事情的期望值不能过分高于现实值。当某些期望不能得到满足时，要善于劝慰和说服自己。不要为平淡生活而遗憾，正确地对待他人的评价。

其次，必须意识到你所遇到的烦恼是生活中难免的。明智的人勇于承认现实，既不幻想挫折和苦恼会突然消失，也不追悔当初该如何如何，而是告诉自己不顺心的事别人也常遇到，并非是老天跟你过不去。使自己尽快平静下来，客观地对事情做出分析，总结经验教训，积极寻求解决的办法。

最后，我们要学会自我宽慰，别用消极的想法把自己带入一种更加消极的境地。自我宽慰不等于放任自流和为错误辩解。一个真正的达观者，往往是对自己的缺点和错误最无情的批判者，是敢于严格要求自己的进取者，是乐于向自我挑战的人。

第三节　个体幸福感案例

这是扎克伯格关于"我为什么娶了个丑女？"的访谈内容：

我就是马克·扎克伯格！对，我就是你们传说中的那个又巨年轻、又巨有钱、又不闹绯闻，还是爱妻狂魔，还长着一张可爱娃娃脸的小扎！很多人问：我为什么娶了个丑女？

我先谈谈什么是美女，什么是丑女。是的，我有大把的机会见到各种美女，可是我看见那些所谓的美女，心是玻璃心，病是公主病，还有傲娇症，还问我为什么那么有钱却不换一辆豪车。我知道，她想换豪车是想出去显摆，是想自拍发朋友圈吧。

这样的女人就算外表再美，心灵也是索取的，因而也是丑陋的，灵魂是肮脏的。这样的美女，我看才真正是丑女，白给我也不要。

而且，外表的美是会随着年龄贬值的，而内在的美是会随着岁月增值的。这一点，华尔街所有的经济学家都懂得，所以我和他们一样，不会去碰那些会迅速贬值的东西。

那么我爱普莉希拉·陈什么呢？

女性的容颜是她心灵的写照，她的笑容永远是清丽温和的。自从怀孕之后，她也完全没有在意自己的容貌因为怀孕而产生的变化，依然是朴素的穿着，不施粉黛，可是她的幸福我完全感受得到，也可以被所有人看见。

我爱她的上善若水与真实质朴。我爱她的表情：强烈而又和善、勇猛而又充满爱，有领导力而又能支持他人。我爱她的全部，我和她在一起，感觉很舒适，很自在，很放松。

我也完全不认为她是高攀我。她除了情商高，智商也很高，别忘了她可是哈佛医学院的，你去考个哈佛医学院试试看？哈佛法学院、医学院、商学院都是出了名的全球挤破头的地方，就算挤得进去你能毕得了业？

要说高攀，那只能是我高攀她！

婚姻是一双鞋子，是不是合脚只有穿的人知道。陈就是最适合我的，按你们中国话说，我和陈是天造地设的一对。你们都知道了，我和她是在排队上厕所时认识的，在她面前，我就是一个书呆子。这就是千里姻缘一线牵吧？

所以，你们看她是丑女，我看她是美女，而且是最适合我的美女！我还是忍不住先晒一晒我喜得千金的巨大幸福。不知道你们是否了解，在此之前，我们曾有过三次流产的痛苦经历。在过去几年，我们一直尝试着要孩子，但是一共流产了三次。

当你知道自己将要有孩子的时候，你对一切都充满了希望。你开始想象他们会变成什么样子，为他们的未来设想。你开始制订计划。然后，他们离开了……

中国的朋友们，你们能否想象，作为一名哈佛医学院毕业的妈妈和一位富可敌国的爸爸，这么想要一个孩子却失败了三次，这是一种什么样的经历和体验？我们也是普通夫妻，也有和你们一样的困境，我们现在有多激动，当时就有多难过！

我们俩拥抱在一起，相互抚摸，相互安慰，相互支撑，一起度过了那些痛苦的时时刻刻，日日夜夜。

那是一段孤独的经历。大多数人不会和别人讨论流产这件事，就好像你有什么缺陷，或者你做错了什么才会招致这一切。所以你只能独自面对。

一个男人如此投入地想成为一个爸爸，可是之前失败了三次，而今终于成功圆梦，我真的很激动。

你看我和陈我们俩是不是特幸福、特和谐、特自然？

顺便劝一句：有些女生眼里只看见别人的丑，却没看见别人的美。这样的话，幸福真的只会远离你，只会与你无缘。因为，有什么样的内心就有什么样的世界。

第四节　建立幸福感实验

一位心理学家指出：最普遍的和最具破坏性的倾向之一就是集中精力于我们所想要的，

而不是我们所拥有的。我们想要什么和我们拥有多少似乎没有什么关系，我们只需要不断地扩充我们的欲望名单，这就使我们的不满足感永无止境。

"我出生在一个普通的家庭！普通的父亲、母亲！"

"我不是什么企业精英！我没有多强的工作能力！"

"我的房子简直小得要命！它糟透了！"

……

当我们把自己和别人做对比的时候，我们总是发现自己是那么的平凡而普通，似乎别人总是那么的光鲜亮丽，而我们永远只能待在某个角落里。所以，斯坦福大学心理研究发现：我们总是有低估他人负面情绪的倾向。也就是说：我们总认为别人春风得意，而倒霉的那个总是自己。这是由于我们自身有关注负面信息的倾向，还有就是在交际中对方刻意隐瞒了自己的负面信息。

其实很多时候，你确定你真的用爱的眼光去观察你的生活吗？

"我的老爸老妈很普通，不过，哇哦！我的老爸竟然是个游泳健将！老妈年轻的时候竟然是个芭蕾舞者！"

"我不是职场强人，但是我比很多白领都拥有更健康的身体，我没有什么乱七八糟的毛病！"

"我只有一个小得要命的房子，但是它却是建在湖边的，那里美得要命！"

……

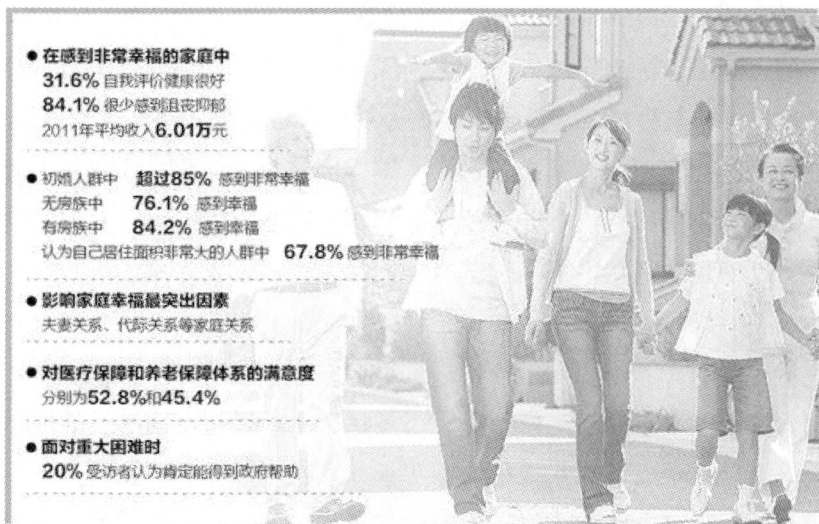

● 在感到非常幸福的家庭中
31.6% 自我评价健康很好
84.1% 很少感到且苦抑郁
2011年平均收入6.01万元

● 初婚人群中 超过85% 感到非常幸福
无房族中 76.1% 感到幸福
有房族中 84.2% 感到幸福
认为自己居住面积非常大的人群中 67.8% 感到非常幸福

● 影响家庭幸福最突出因素
夫妻关系、代际关系等家庭关系

● 对医疗保障和养老保障体系的满意度
分别为52.8%和45.4%

● 面对重大困难时
20% 受访者认为肯定能得到政府帮助

不是你的生活不美，不是你的人生失败，而是你从来没有去真正地观察过自己拥有的一切。你真的了解它们吗？你真的知道你所拥有的事物有多美好吗？我们总是说失去才知道珍惜。因为只有到这个时候，你才会把你的注意力放在你曾经拥有的事物上来。而平时，

你会对他们 / 它们视而不见，仿佛他们 / 它们的存在是理所当然的。

第五节　职　场　故　事

一摞摞面目狰狞、脸部发青的命案表，一桩桩千奇百怪、死因各异的案件卷宗，在一个小小办公室里随处可见。而在这个狭小的办公室里，有那么一个女孩，每天要面对的，就是将这些命案表、卷宗进行核查、整理。这样的日子，她已经坚守了七年。她就是深圳市公安局刑事侦查局一大队命案辅警钟莹莹。

说起这一段往事，钟莹莹显得有点激动．那还是七年前的事儿，18 岁的她独自跑来深圳市公安局刑事侦查局面试，一个女警察给了她十几份人体部分照片，"你把这十几份人体部分照片拼成一个完整的人体图"。过了三分钟，她发现这堆图里有两个右脚的图，觉得很奇怪，想都没想就跑过去问那个女警察，没想到就这么被录取了。

能在深圳警队工作，初来乍到的钟莹莹有点按捺不住兴奋，但令她万万没想到的是，接下来的工作竟然都是与命案有关联。"当时是懵的，因为全是命案啊，每一套卷宗里都带有面目狰狞的死者照片啊。"钟莹莹说。看到一个个鲜活的生命成为数据报表中一个个冰冷的数字，这个初入社会的小姑娘一时还难以适应。"还记得接触的第一宗案件吗？"记者问道。钟莹莹有点不好意思，说这是她的一段糗事。"当时自己刚来没几天，在编排卷宗材料顺序的时候，没想到随便翻开一页就是尸检报告，死者的面部细目照片正死死地盯着自己，吓得'啊'一声尖叫，案卷都扔地上了。"

从一开始的忐忑惶恐，到坦然面对，再到成为业务能手，钟莹莹在命案办的岗位上一干就是七年。"2014 年某分局一女民警来我们办公室领取卷宗，因为深知卷宗死者图吓人，女民警看都没看便抱起了一摞卷宗准备撤，'等等、等等，您那是高腐的淹死的，这才是烧死的，是您要的，您看清楚再拿嘛……'"钟莹莹一边追一边喊，吓得女民警一愣一愣的。这看起来像是一个有趣的经历，但当这些有趣的经历变成了工作中的一个个片段后，我们看到的却是这个小姑娘的成长与蜕变。

生活中，钟莹莹也和其他小姑娘一样，喜欢追剧，喜欢网购，喜欢闺蜜聚会，看见帅哥还会发花痴。但七年命案办的工作历练，还是赋予了她远超出同龄人的成熟与理智。每次和朋友出去逛街，更是成了大家眼里的絮叨王。"我喜欢提醒朋友财不外露，不去偏僻不熟悉的环境，不喝来路不明的饮料，回家打车记住车牌号码发给家人，这可能是因为工作中看到很多各式各样的受侵害案件吧，所以生活中就会特别小心。"她有点无奈地说。

钟莹莹很少会向别人主动提起自己所从事的工作，因为怕吓着他们，也因为工作纪律要求。"我今年已经快 25 岁了，平时工作比较忙，社会交往圈子也比较窄，家里人总担心我找不到男朋友，所以给我安排过几次相亲"，说到这个话题，钟莹莹显得有点无奈。"吃饭时聊起做什么工作，一听说我在公安局上班，好多男孩子都会吓一跳，再听说我做的是和命案有关的工作，多数人吃完饭就再没有联系了"。

本 章 小 结

人生1条路：走自己的路。人生2件宝：身体好、心情好。人生3种朋友：维护你、包容你、批评你的人。人生有4苦：看不透、舍不得、输不起、放不下。人生5句话：再难也要坚持，再好也要淡泊，再差也要自信，再多也要节省，再冷也要热情。人生6财富：身体、知识、梦想、信念、自信、骨气。

我们永远都可以更幸福，没有人总是处于完美的生活状态而无欲无求。与其问自己是否幸福，勿宁去探求一个更有帮助的问题："我怎样才能更幸福？"这个问题不但吻合了幸福的本义，还表明了幸福是一个长期追求、永不间断的过程中的某一段。如果我们现在要比五年前幸福；那我们也希望，五年后的今天我们能比现在更幸福。

课 余 训 练

下面3种方法能让未来变得真实可信，让你认识未来的自己。选择一种你感兴趣的方法，在这周内尝试一下。

（1）创造一个未来的记忆。德国汉堡—埃普多夫中心医科大学的神经科学家研究发现，想象未来可以让人延迟满足感。你甚至不需要去想延迟满足感带给未来的回报，只要设想一下未来就行。比如，如果你正面临一个抉择，是现在就开始一个项目，还是推迟一下再开始，那么，想象一下你下周在杂货店里购物，或者想象一下你正在开预定的会议。当你想象未来的图景时，大脑就会更具体，更直接地思考你现在选择的结果。你想象的未来图景越真实，越生动，你做的决定就越不会让你在未来后悔。

（2）给未来的自己发条信息。FutureMe.org的创始人发明了一种给未来的自己发邮件的方法。从2003年起，他们就收了大量人们写给未来自己的电子邮件。他们会按作者选择的未来的某个时间点，把这些邮件发出去。为什么不利用这个机会想一想未来的自己在做什么，他们会如何看待自己现在做出的选择呢？向未来的自己描述一下自己现在将要做什么，有助于你实现长期目标。你对未来的自己有什么希望？你觉得自己会变成什么样？你也可以想象未来的自己，回头看现在的自己。未来的自己会因为现在的自己做了什么而表示感激。心理学家海尔•厄斯纳-荷什费德说，"即使你只是想一想要在这封电子邮件里写点什么，你就会觉得和未来的自己联系更紧了。"

（3）想象一下未来的自己。研究发现，想象未来的自己能增强你现在的意志力。在一个实验中，宅男宅女们需要想象两个未来的自己。第一个是他们希望成为的自己。那个人能坚持锻炼，身体健康，充满能量。第二个是他们害怕成为的自己。那个人懒散度日，毫无活力，体弱多病。这两种想象都能让他们离开椅子，和没有想象未来自己的对照组相比，这些人在两个月后提高了锻炼频率。在你的意志力挑战中，你能想象一个你希望成为的自己，一个能承诺改变并获得成果的自己吗？或者你能想象一个背负不改变带来的恶果的自己吗？让你的白日梦做得更生动，更有细节。想象一下你会有什么样的感觉.你看上去会是什么样的，你会对过去的选择有什么感觉。你是会感到自豪，心怀感激，还是会后悔不迭？

第十四章 经典案例

第一节 戒 烟

美国联邦疾病控制与预防中心吸烟与健康办公室的安·玛拉切尔曾经呼吁道："香烟仍然是造成美国可预防性死亡的最大元凶。我们应该进一步预防和吸烟有关的疾病和死亡的发生，但是却没有做到。"

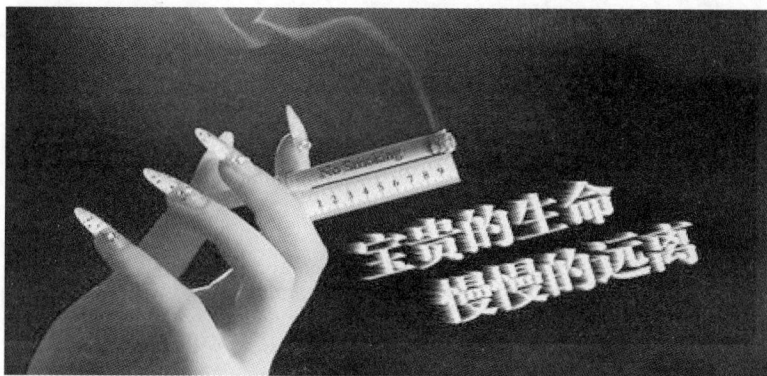

根据统计，美国每年有40万人死于和吸烟相关的疾病。美国疾病控制与预防中心（CDC）的报告指出，1997年，全美成年人的吸烟率是24.7%，自此逐年下降，但是这个趋势却在2005年出现停滞。全美健康访谈研究在采访了31 428名18岁以上的美国人后发现，2005年美国的吸烟人口和2004年相同。

这个关于吸烟者的数据是多么可怕！人类一直都在强调关于吸烟的危害，甚至连吸烟者自己也知道吸烟将带来的可怕后果。但是，为什么还是有那么多的人"冒死前行"呢？

这就是尼古丁的诱惑。因为只要0.5 mg的尼古丁，就会使人上瘾，而平均一支烟的尼古丁超过0.5 mg。虽然除了一小部分烟商在生产每支含有1.5～2 mg尼古丁的香烟外，大部分的烟商已转成生产每支含尼古丁0.1～0.4 mg的淡烟，但每包20支，其总量还是远超过会上瘾的量。尼古丁进入体内会刺激脑部下视丘神经，产生"愉悦"的感觉。但是在长期的刺激与振奋的情况下，如果停止吸入尼古丁，吸烟者就会感到精神不振、萎靡无力、全身软弱，甚至打哈欠、流眼泪，难过极了，因此需要更多的尼古丁来刺激才能过瘾，就需要吸更多烟。

从这里我们可以知道，很多人吸烟是为了让自己显得更加"精神振奋"，或者让自己"更加镇定"，有种可以自控的感觉。但是，通过这种方式来进行情绪稳定真的可行吗？

美国佛罗里达州坦帕市莫非特癌症研究中心的研究人员通过研究发现，如果剔除掉抽烟者的自控能力之后，抽一支烟便可以恢复其自控能力。

研究者赫克曼表示，他们的目的是为了验证吸食烟草是否会影响个人的自我控制能力。研究者首先假设被破坏自我控制能力的参与者相比正常参与者来说表现出了行为上的低持久性，而且当正常参与者和自控能力缺失的参与者吸食烟草之后，他们的行为会基本一致。通过研究发现，研究结果和研究者的假设吻合。研究者在实验中发现，吸烟确实对于自控能力缺失的参与者有一个恢复的效应，可以恢复这些缺失者的自我控制能力。

但是，最终自控能力缺失者恢复自身的自我控制能力还是归因于自身对烟草的成瘾，而用戒烟来恢复自己的自控能力，就会陷入一个无谓的怪圈——为了戒烟，要先吸烟。这样的逻辑十分让人崩溃。

所以，当我们正在遭受着戒烟的折磨，而无法恢复我们犯烟瘾之前的自控力的时候，我们可以通过其他的方式（嚼口香糖、吃一些如糖果或者蛋糕的甜食等），而不是先用一根香烟缓解压力。现在我们来看看都有哪些方法可用于戒烟。

最简单的方法是，我们可以和朋友一起打赌戒烟，这种公开戒烟的宣言会给自己一种无形的监督和约束。

我们都知道，很多人之所以吸烟，是想要通过尼古丁来缓解自己情绪上的压力和紧张，这是比较根源的问题。所以，这个时候我们可以从根本入手，用其他减压方式，如运动、听音乐、看电影，甚至是哭泣等。

在戒烟的时候最大的诱惑就是看到别人在吸烟。这种情况下，我们可以找一些能够转移注意力的方法，做一些简单的手指游戏，和别人谈一些自己感兴趣的话题，或者是用刷牙来产生一种不想吸烟的口腔气味。

其实你会发现，只要坚持一个月，自己就能够戒掉烟瘾。但是，在这一个月里单纯地依靠强大的意志力是很痛苦的，你可以辅助使用一些让自己更加轻松的方法，更快乐地把烟戒掉。

第二节 戒 酒

在我们的生活中嗜酒者不在少数，一旦长期嗜酒成瘾后，不仅身体和精神承受痛苦，同时也会对家庭和社会造成不小的危害。

我打算戒酒……

行了，这话我都听腻了……

不信我跟你赌两瓶"二锅头"

　　戒掉生理上对酒精的依赖并不是件很困难的事，但是克服心理上的成瘾就需要半年甚至更久的时间。同时，在戒掉之后的很长一段时间里，如果你又难以控制自己，受不了诱惑，再次饮酒成瘾，那么之前做的所有事就很可能白费了。其实这个时候，你大可以认真分析复饮的原因，然后继续你的戒酒之旅。

　　多数人的戒酒失败都是毁在一些负面情绪上，因为戒酒会带来一些情绪性的反应，比如易怒、烦躁不安、注意力很难集中等。而这个时候，我们应当尤为重视。

　　其实，嗜酒和抽烟一样，多数人都是为了缓解压力、稳定情绪才养成这样的嗜好。戒酒的过程十分艰难，它不是普通人仅凭意志力就可以战胜的。

　　当人们戒酒的时候，普遍情况下会进入两个过程。一个是脱酒过程，一个是康复过程。脱酒过程分成两种处理方式，一种是嗜酒者可自控的情况，一种是嗜酒者失控的情况。在可自控情况下，就是在 10 ～ 20 天的时间里逐渐减少饮酒量，缓慢地停止自己的嗜酒行为。千万不要想一步完成，几天就戒酒瘾，这是不可能的，而且还有可能给身体和精神造成不必要的负担。如果你的自制力无法让你短期内摆脱酒精，则可以在医生的指导下进行一些药物治疗。而在这段期间里不能饮用酒类，否则很可能功亏一篑。

　　康复期的治疗其实更多的是巩固之前所做的努力。用来戒酒的某些药物，应该严格遵照医生的指导使用，而不能盲目使用。同时，你不仅需要在行为上脱离嗜酒，还需要从精神上脱离。也就是你的情绪不再因为戒酒而产生一些不良的波动，你可以很坦然地面对曾经嗜好的酒精。

　　和吸烟一样，当你觉得自己无法凭个人的能力来戒除对酒精的依赖时，则需要扩大自己戒酒的范围,简单地说,就是让身边的人(对你影响较大的人)来参与到戒酒的过程中。这不仅仅是单纯的监督作用,更多的是一种精神支持。当你认为自己是一个人来抵抗酒精的时候,你的精神压力会相对较大,戒断的痛苦会反弹得较为强烈。但是,当一些人,甚至是一个群体和你站在一起的时候,精神能量会明显增强。尤其是当你的戒酒过程有了进展时,来自他人的认同和自我认可将会巩固这种行为,从而促使你更加强烈地渴望戒酒成功。这样,一个良性的循环就形成了。

建立这样的一个"戒酒圈"其实有很多方法,比如成立一个戒酒同好会,让一群曾经的嗜酒者或者正在戒酒的人聚集在一起,讨论一下自己遭受的痛苦和戒酒的经验,彼此交流一下更好的意见,让自己能够更快更轻松地成功戒酒。或者,当你的戒酒已经初有成效的时候,你多数时候已经能够单凭意志战胜对酒精的渴望,那么你可以和身边的人一起去做其他更多的户外活动,而不是把自己一个人关在家里"独自战斗"。尤其是参加你自己感兴趣的事情,会让你的注意力转移得更快,而不是只让"我要戒酒,现在我要做的唯一一件事情就是戒酒"的观念一直占据你的脑子。这对你的精神放松是十分有益的。

第三节 减 肥

肥胖问题已经成为世界公认的一个严重问题,世界卫生组织发出警告说:"肥胖是最常见也最容易被忽视的健康问题"。是我们没有意识到这种情况,从而没有做出相应的措施和改变吗?显然不是如此,否则也不会有这么多的减肥仪器、健身场所、瘦身产品的出现。人类似乎想通过自己的智慧来解决这一问题,但是,肥胖似乎还是一个相当棘手的问题。

对于减肥的人来说，减肥是一件非常痛苦的事情，没有顽强的意志力似乎就无法完成这个艰巨的任务。那么，人类这种痛苦的根源又是什么呢？

饥饿感！

这种天性中与生俱来的本能让我们在减肥与进食中进行着十分痛苦的抉择。在此之前，我们可以先来看一项美国斯坦福大学有关人类智力的研讨陈述。该陈述提出，人类的智力水平或许正不断降低。该陈述作者杰拉德以为，人类智力得以长足发展的黄金时期在原始时代，那时人类在蛮荒、严酷的自然环境里不断面临生存挑战。这种环境一方面迫使人类的智力不断开发，另一方面淘汰了智力、膂力处于下风的弱小个体。但是，随着农业的开展和城市化的深化，绝大多数人已不再需要整天面临严酷环境带来的生死考验，生存状况趋于闲适和安稳，智力上的进化也就戛然而止。这个调查陈述了人类在进化过程中产生的一些变化，我们可以清楚地看到一种演变——人类被生存环境影响后产生的演变。

言归正传，现在我们从人类进化的立场来试想一下：在原始社会，有一群胃口不同的人，贪吃的一类人日日夜夜都在想着食物，而另一类人，当天吃饱了也就满足了。在这两者中，当食物短缺时，谁会有更多的能量储存在大腿和臀部？谁能经受住饥荒，剩下一些能量来繁殖后代？谁最有可能成为你的祖先？答案是贪吃的人，也就是胖子！

饥饿感从何而来？从生理学角度分析，饥饿感主要是由于血液中血糖浓度降低造成的。这是身体给出的一个信号，就是说前一餐的能量已经消耗光了。饭后几个小时后，尤其是在做运动以后有这种感觉是很正常的。如果饭后没多久就感到饿了，那是因为吃的食物不够或者是饮食结构不平衡，没有摄入足够的纤维、碳水化合物或者缺少蛋白质。碳水化合物和蛋白质的消化需要一定时间，吃了以后会有饱腹感。

但是，很多时候我们并不是缺乏能量，而只是因为被各种外界环境刺激了食欲。比如，当你体内能量处于稳定状态的时候你闻到了炸鸡块的香味，或许你就有了进食的冲动，而这种冲动并不是为你的身体提供运动的能量，而只是单纯为了满足你的感官刺激。

同时，很多时候我们会忽然食欲大增，也有可能是受到了情绪的影响。我们在前面提到过，正确的饮食可以改善我们的情绪，相反，当我们受到某种消极情绪影响的时候，我们的进食欲望有可能受到影响。有些人是食欲减退，而多数人则是食欲大增，因为大量的进食会起到或多或少的情绪的平复和安慰的作用。这时候，我们就先要调节情绪，当情绪平稳一些之后，再利用适当的、健康的饮食辅助恢复我们的情绪。否则的话，我们就只能看着自己的身材越来越糟糕。而且，我们要有科学的观念，不要认为食物和脂肪是可怕的，它们提供给我们的能量，其实是在保护我们的身体，它们本身都是再好不过的朋友。但是，我们需要适中地把握一个度，逐渐养成健康的饮食习惯，加强对食物本身特质的认识，而不是一味地把自己当作一个"垃圾桶"，什么东西都倒进来。

控制饮食绝对不是绝食，要知道过度的节食只会使身体倾向于"节约能量型"。良好的体型需要一个长期的保持过程，而不是短短的一个月就可以成功塑造出来，即使塑造出来了，也是以牺牲健康为代价的。

（1）在减肥过程中，应以摄食高蛋白质、低脂肪、低糖、低盐的食物为主。

（2）每日至少喝 2 ～ 3 kg 的水，包括茶、咖啡、果汁等饮料。

（3）食物中的肥肉全部去除，不用动物油烹煮食物。

（4）食物必须经过煮、烤或烧制。

综上所述，控制饮食减肥其实就是去掉那些不利健康的油炸食品，控制摄入的热量，再加上适量运动和足够的恒心与毅力，减肥真的不难。

第四节　储　蓄

有多少人问过自己这个问题——我为什么存不了钱？

明明你的年薪不少，明明你也有很好的储蓄计划，但是为什么你就是存不了你理想中的数额呢？

现实生活总是让人不快的，我们不能忽略这样一个事实——我们实际的存款总是比我们预期中的存款要少很多。许多美国人都想把自己收入的 10% 作为储蓄，但是现实的情况却是他们的储蓄远远低于这个数。简单地说，如果你一个月只有 2000 美金，这还是税后的，而你按照美国人正常的生活习惯来消费的话，你将一无所有。

　　这种情况或许和我们无法抵抗的现实环境有关系，现实生活和互联网中都充斥着诱惑消费的广告，我们怎么能让自己账户里的数字逐渐变大呢？

　　其实，我们本性上是更倾向于储藏的，但这在建立金融行为之前表现得更为明显。想象一下我们的祖先，当他们猎取了一头大象的时候，他们会怎么做呢？把大象兑换成钱币，然后存到银行里？当然不是！他们更倾向于把它储存起来——吃掉它，让它转化为脂肪——这是最安全的储蓄方式。其实，这种本能依然延续到了现代人的身上，如果你不相信，男人都可以低头看看自己凸起的肚子，而女人则可以看看自己比男人更宽的胯部。

　　而其他的动物似乎将我们的这种动物天性很好地保存了下来。比如冬眠的动物，当它们意识到冬天快要来临，外界的环境已经不适合他们进行各种活动的时候，它们会把自己的胃填充得十分充实，会让自己的脂肪变得厚厚的，以供它们漫长冬眠时期的能量消耗。

　　从动物的天性来说，我们更倾向于将得到的东西转化为自身的能量，而不是放在银行里。简单地说，就是当我们拿到自己的薪水的时候，我们更愿意用它来买吃的、穿的，因为这些都是可以直接现实地转化为自身东西的行为，而不是再通过一系列程序精细计划着把钱存起来。这有违我们的天性。

　　所以，储蓄这种金融行为是一件需要我们学习的事，而让我们的意识建立"自动存款机制"则是一件非常"痛苦"的事情。但是，痛苦并不代表不能做。这个时候，我们更多地是调整对消费和储蓄的顺序安排。

　　是先消费再储蓄，还是先储蓄再消费？或许后者更为合理一些。当我们不想去消耗某一样东西的时候，我们最好的方法就是把它藏起来。就像豹子会把自己不吃而想要留作储备的肉藏起来是一样的。当我们没有现金在手上的时候，我们的消费意识就不会那么强烈。也就是说，当你用现金购物的时候，你会出现"我其实不应该买这样东西"的愧疚心理，但是当你用信用卡的时候，因为你看不到明确的数字，所以你的概念就被模糊了，有时候你甚至会刻意淡化"这是一种消费行为"的概念，直到账单的到来。

　　所以，存钱纯粹是习惯的问题。人经由习惯的法则塑造了自己的个性。这个说法是极为正确的。任何行为在重复做过多次之后就会变成一种习惯。而人的意志也是从我们的日常习惯中产生的一种推动力量。

　　一种习惯一旦在脑中形成之后，这个习惯就会自动驱使一个人采取行动。例如，如果遵循你每天上班或经常前往的某处地点的固定路线，过不了多久这个习惯就会养成，不用你花脑筋去思考，你的头脑自然会引你走上这条路。更有趣的是，即使你在动身之前是想前往另一方向，但是如果你不提醒自己改变路线的话，那么你将会发现自己不知不觉又走上原来的路线。

　　在存钱方面，你不必一开始就存很多钱，即使一周存100元或200元也比什么都不存强，因为它是养成存钱习惯的方法之一。我们还要考虑，运用哪些方法才能养成存钱的习惯。

（1）积攒零钱　很多人从儿童时代开始就有很多零钱，但是却不会想到要储蓄。所以一定要不断提醒自己平时把钱存起来。为此，你可以给自己买一个小储蓄罐，一有零钱就立刻喂到它的肚子里。用不了一两个月，它可能就被装得沉甸甸的了。

（2）银行储蓄　不管你采取哪种储蓄方式，你一定要鼓励自己在做其他的事情之前先将一部分钱付给自己——即把钱存到银行里。有人建议可以强迫储蓄，就是一拿到薪水就先抽出 25% 存起来，长期下来就会收到很好的效果。当然，方式可以不加限定，但你务必要在规定的日子里把钱存到银行，以养成储蓄的习惯。

（3）为储蓄设定目标　也就是如果你要存钱做什么事情，建议你写在纸上，并注明希望实现的日期。然后把它放到容易看到的地方，使自己能时时看到目标，以起到提醒的作用。

（4）不时回顾　不时地提醒自己银行的储蓄在一点点增加，体会数字逐渐变大的喜悦。时间久了，你便会感受到金钱得来不易。这些钱都是自己独立挣来的，一定要珍惜，不能随意地支配。

其实要养成存钱的习惯并不像想象的那么难。每晚把所有你从饭店、超市和其他地方得来的零钱放入储蓄罐，几个星期后你就会为你所有的可以存入储蓄账户的钱而感到惊讶。

养成储蓄的习惯并不会限制你的赚钱能力。正好相反，养成这种习惯，不仅能把你所赚的钱有规律地保存下来，也会增强你的观察力、自信心、想象力、进取心及领导才能，真正增强你的赚钱能力。

第五节　戒　网　瘾

搜索"青少年网瘾"这类词条时，会发现一系列的可怕的案件。

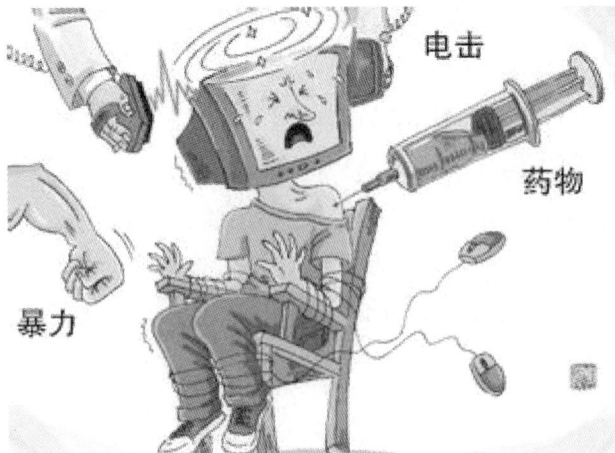

网瘾似乎已经成为一种普遍的社会现象，它的魔力让人欲罢不能。我们迷失在互联网带来的快感之中，似乎那里才是最理想的世界，在那里我们可以做任何想做的事，而不用做那些勉强自己的事。"网瘾"即"互联网成瘾综合征（IAD）"，基本症状是上网时间失控，欲罢不能，可以不吃饭不睡觉，但是不能不上网。成瘾者即使意识到问题的严重性，也无法自控。

的确，互联网能够提供给我们很大的发挥空间。但是，如果因为过度迷恋互联网，从而形成了"网瘾"，那就有可能出现心理问题。"网瘾"成瘾者大多具有缺乏自控性、自我调节适应性差等人格特征，也意味着在此基础上成瘾者面临更多的精神、心理、躯体与社会功能损害风险。

网瘾最大的问题是由于迷恋虚拟空间而与现实渐渐发生脱节，精神萎靡。成瘾者本人内心深处虽然也知道这样不好，但却欲罢不能。对常常在自我矛盾中挣扎的成年人来说，网瘾使他们非常容易发展成抑郁症和强迫症，甚至有人格分裂的危险。对青少年来说，网瘾则会导致他们缺乏实际的人际交往，产生自闭倾向。有调查表明，29.1%的"网瘾"成瘾青少年"平常不主动与人交往"。网络游戏大多以"攻击、战斗、竞争"为主要成分，容易使游戏者模糊对理性与道德的认知，甚至误认为这种通过伤害他人而达成目的的方式是合理的。正是由于这种特性，暴力、色情游戏甚至被一些人称为"电子海洛因"。

其实，网瘾并没有那么可怕，最可怕的是我们无法下定戒除网瘾的决心，如果在戒除网瘾这个观点上有所动摇，就有可能影响我们最终的"戒网"效果。为了戒除网瘾，许多美国年轻人用了很多好的方法。

某社交网站是美国排名第一的照片分享站点，每天上载850万张照片。许多人，尤其是学生都热衷于在这里进行网络交流。它成为美国年轻人的网瘾源头之一。很多孩子都认为自己在这上面耗费的时间太多了，他们本可以拿这些时间来做更有意义的事情。美国旧金山大学附属高中毕业班学生，17岁的哈雷·兰伯森和16岁的莫妮卡·里德签订了一个协议，目的是互相帮助抵制该社交网站的诱惑。在协议中，他们只允许自己在每个月的第一个星期六登录该社交网站，而其他时间绝对不能登录。而17岁的加利福尼亚州奥克兰市海德——罗斯中学的毕业班学生加比·李，为了完成波莫纳学院的申请，最终毅然停用了该社交网站的账户。15岁的密歇根州安阿伯市格林希尔专科学校二年级的学生尼加·萨马尔西，当多次都无法靠自己的意志力完成戒网的时候，她把该社交网站账号给了自己的姐姐，让她把密码改了而不要告诉自己，以此来强制戒网。

从这些案例中可以看出，有时候我们可以通过自制力来达到某个戒除的目的，虽然这个过程一开始是非常辛苦的，但是只要能够坚持一段时间，情况就会有明显的好转。在这个戒网的过程中，使用怎样的手法不是难题，难就难在我们是否能够真正地自控。

附　录 | 调查问卷

第　一　章

1. 写下三件你不该做而忍不住要做的事（不好的事）。

2. 写下三件你应该做而不想做或做不到的事（好的事）。

3. 做 1.4 节的测试题，测试一下自己的自控力。

第　二　章

1. 你一天花在手机上的时间有多长？

   A. 2 小时　　　B. 3 小时　　　C. 4 小时　　　D. 5 小时　　　E. 7 小时以上

2. 你用手机主要做什么？

3. 与你相恋很久的恋人分手了，你会怎么办？

   A. 不放手　　B. 报复　　　C. 造谣中伤　D. 提出补偿　E. 祝福他

   F. 当一般朋友 G. 好聚好散　H. 其他

4. 通过本课程的学习，你最有可能在以下哪些方面取得进步？

   A. 学习　　　　B. 少玩手机　C. 少玩游戏　D. 孝顺父母　E. 扩大社交圈

   F. 其他（请写出来）

5. 父母要你不要乱花钱，而且警告你会采取限制措施，你会有什么反应？

6. 学习成绩不理想，你觉得主要原因是？

   A. 贪玩　　　　　　B. 老师水平不行　　　C. 学习条件差

   D. 学风或者班风不好 E. 最近心情不好　　　F. 下学期努力学习

   G. 不喜欢上课的老师 H. 其他（请写出来）

第　三　章

1．结合自身情绪，对照 3.2 节有关美食对情绪的影响，提出自己的饮食改进计划。

2．独立做 3.4 节的情绪测试题，测试自己的情绪感知能力。

3．回想一下自己近期的计划，如上课、健身、锻炼，兼职，上图书馆等，记录下自己是不是每次都去，而没有去的理由是什么？如果是因为懒惰，那么设置一个反馈懒惰的信号，时刻提醒自己：过充实的人生。

第　四　章

1．父母因为你做错了事，批评你了，你的反应是什么？

A．不生气　　B．不吭声　　C．给父母脸色　　　D．跟父母吵架

E．事后跟父母沟通　　　　F．撒娇　　　　　　G．思考并检讨

H．其他（请写出来，下同）

2．上课不好好听课，老师批评你了，你的反应是什么？

A．不生气　　B．不吭声　　C．离开教室　　　D．跟老师吵架

E．事后跟老师解释　　　　F．事后跟老师道歉　　G．其他

3．跟同学产生了矛盾，你会怎么办？

A．主动与同学沟通解决矛盾　B．不搭理同学　　　C．用各种对抗方法

D．吵架　　　　　　　　E．打架　　　　　　F．其他

4．你情绪不好的时候，有哪些表现？

A．想找人吵架 / 打架　B．想砸东西　　　C．喝酒　　　D．KTV

E．找朋友倾诉　　F．暴饮暴食　　　G．大哭　　　H．一个人静静

I．抽烟　　　　J．娱乐　　　　　K．睡觉　　　L．其他

5．你辛苦完成了工作任务，老板以各种理由不给工资，你会怎么办？

A．就当学雷锋了　　B．多次找老板要　　C．借助媒体帮助

D．找一帮人去要　　E．打官司　　　　F．黑老板的车

G．找劳动局　　　　H．其他

6．排队购票或吃饭，发现有人插队，你会怎样？

A．接受别人的插队　　　　B．大声提醒不许插队

C．与插队者吵架 / 打架　　D．找工作人员维持秩序

E．拍下插队者微信广而告之　F．提醒

G. 看心情　　　　　　　　　H. 其他

7. 适合你的最有效的解压方法是什么？

　　A. 锻炼或参加体育活动　　B. 睡觉　　　　　　C. 洗澡方式

　　D. 祈祷或参加宗教活动　　E. 阅读　　　　　　F. 听音乐

　　G. 与家人朋友相处　　　　H. 按摩　　　　　　I. 外出散步

　　J. 冥想或做瑜伽以　　　　K. 写日记　　　　　L. 刺十字绣

　　M. 静处　　　　　　　　　N. 幽默　　　　　　O. 其他

8. 你认为最没效果的缓解压力方法是什么？

　　A. 赌博　　　　　B. 购物　　　C. 抽烟　　　　　　D. 喝酒

　　E. 暴饮暴食　　　F. 玩游戏　　G. 上网

　　H. 花两小时以上看电视或电影　　　I. 其他

9. 谈谈你有效应对有强烈网购行为的方法与措施。

第 五 章

1. 旅行是人们亲近自然环境的有效方式，对人的影响具有重要正面积极的意义。近三年，你有过几次旅行经历？

　　A. 0　　　　B. 1 次　　　C. 3 次　　　D. 5 次　　　　E. 7 次

2. 你希望你们班的班风是什么样的？

　　A. 团结　　　B. 友爱　　　C. 爱学习　　　D. 课外活动多

　　E. 文明　　　F. 礼貌　　　G. 讲卫生　　　H. 同学们都听班长的

　　I. 其他（请具体说明）

3. 你家买房子，会优先考虑下面哪个因素？

　　A. 地段　　　B. 价格　　　　　C. 与白领或者公务员为邻居

　　D. 学区房　　E. 海边或山中　　F. 房子的面积

　　G. 采光　　　H. 小区的舒适度　I. 其他（请具体说明）

4. 跟你交往密切的朋友都是什么类型的人？

　　A. 爱学习的人　　　　B. 孝顺的人　　　　C. 爱打游戏的人

　　D. 爱逛街的人　　　　E. 爱喝酒的人　　　　F. 爱吃的人

　　G. 家庭经济条件好的人　H. 官二代　　　　　I. 爱音乐的人

　　J. 爱跳街舞的人　　　　K. 爱打球的人　　　　L. 爱整洁的人

　　M. 爱时尚的人　　　　　N. 其他（请具体说明）

5．你在一个干净整洁、物品摆放井井有条的办公室上班，可有个别同事总是带有浓重味道的食品到办公室进食，而且自己的办公桌经常不收拾，你会怎么做？

    A．跟他 / 她学　　　　B．善意提醒　　　　C．帮助他 / 她整理

    D．批评他 / 她　　　　E．跟其他同事孤立他 / 她　　F．向领导打小报告

    G．吵架　　　　　　　H．其他（请具体说明）

6．你喜欢的大自然的颜色有哪几种？

    A．红色　　　　　　　B．橙色　　　　C．黄色　　　　D．绿色

    E．青色　　　　　　　F．蓝色　　　　G．紫色

7．与恋人初次约会，你会选择什么地方？

    A．咖啡馆　　　　　　B．麦当劳　　　C．公园　　　　D．山林

    E．海边　　　　　　　F．电影院　　　G．茶馆　　　　H．音乐厅

    I．图书馆　　　　　　J．体育馆　　　K．其他（请具体说明）

8．上班后，你发现有的同事很讨厌，难以相处，你会怎么跟他 / 她相处？

第 六 章

1．某网站以"众筹"模式发售各类时尚产品。商品被平分成若干等分，用户可以购买一份或多份，当等份全部售完后，由系统计算抽出一名幸运者，最终得到商品（如手机、汽车、房子）：

    A．怀疑，不参加　　　　　　　　B．试试看，投入 1 元钱

    C．想到能得到手机，投入 2 千元　D．想到能得到汽车，投入十万元

    E．想到能得到房子，投入一百万元　F．邀请亲朋好友参加

    G．思考并检讨

2．如果此时，你很窘迫，而对方的家庭却能帮你解决困难，实现自我的目标，如担任公司高管，支持创业所需的资金，能给我买奢侈品，能让你衣食无忧，那么，无论对方是否是你喜欢的，是否身体有缺陷，甚至年龄相差巨大，你都愿意与之结婚的意愿指数是：

    A．0　　　　B．50　　　　C．80　　　　D．90　　　　E．100

3．你深深看中了最新款的衣服，价值 3 千元，而你的月工资 4 500，那么你购买该衣服的指数是多少？

    A．0　　　　B．50　　　　C．80　　　　D．90　　　　E．100

4．过节了，你看了商场诱人的各种购物广告，你会因广告而购物的意愿指数是多少？

    A．0　　　　B．50　　　　C．80　　　　D．90　　　　E．100

5. 你与最好的闺蜜的经济条件一样，但有一天他（她）买了一款昂贵的电子产品，而你可以巧立名目从单位弄到购买这款产品的大部分钱，就是这种弄钱的方法被发现后后果很严重，你还会这么做的指数是多少？

  A. 0   B. 50   C. 80   D. 90   E. 100

6. 为了尽快改善自己的经济状况，毕业后，你会考虑打二份甚至三份工的意愿指数是多少？

  A. 0   B. 50   C. 80   D. 90   E. 100

7. 工作后，你为了赚更多的钱，选择不断加班，你的爱人却抱怨你没陪他（她），或者不关心她（他），抱怨你不浪漫，累还挣不到钱，这时，你会跟你的爱人会发生什么事？

  A. 你会很痛苦，觉得爱人不理解你 B. 你会跟爱人吵架

  C. 你会跟爱人说很难听的话，相互伤害 D. 你会出走

  E. 你会不理爱人的胡搅蛮缠 F. 你会耐心解释

  G. 你会改变工作方式，尽可能多时间陪爱人 H. 其他

8. 有一天，你相交了多年的朋友找你借钱，数目大约是你半年的工资，你会怎么办？

第 七 章

1. 我的学习压力是：

  A. 学不懂   B. 挂科太多   C. 考证没过

  D. 拿不到奖学金 E. 学习动力不够 F. 社团活动影响了学习

  G. 父母对我的期望很高   H. 其他（请具体说明）

2. 我的生活压力是：

  A. 欠缴学费   B. 生活费不够   C. 兼职不理想

  D. 零花钱不够 E. 照顾家人   F. 其他（请具体说明）

3. 我对工作的期许薪水是：

  A. 政府规定的最低工资 B. 3 千左右   C. 4 千左右

  D. 5 千左右   E. 7 千左右   F. 其他（请具体说明）

4. 如果你遇到了压力，你会采取下面哪些方法舒缓压力：

  A. 户外活动   B. 影视娱乐   C. 养宠物

  D. 练瑜伽   E. 找人倾诉   F. 承认并勇敢面对

  G. 购物   H. 深呼吸   I. 体育运动

  J. 跟人吵架   K. 其他（请具体说明）

5. 每年国庆长假，你感觉休息好的指数是：

　　A. 0　　　　　B. 50　　　　　C. 80　　　　　D. 90　　　　　E. 100

6. 如果你可以随便选择教室的座位，你愿意选择理想的座位位置是：

　　A. 前排　　　　B. 居中　　　　C. 后排　　　　D. 角落　　　　E. 随意

7. 如果你有一个招聘面试的机会，你会出现下列哪些情况：

　　A. 很紧张　　　　　　B. 注意着装　　　　　　C. 注意个人外表形象

　　D. 认真准备面试问题　E. 口吃　　　　　　　　F. 撒谎

　　G. 信心十足　　　　　H. 其他（请具体说明）

8. 如果有机会选择自己擅长的事情，你日后会选择下列哪些职业岗位：

　　A. 广告设计人员　　　B. IT 工程师　　　　　C. 文员

　　D. 产品销售工程师　　E. 跟父母创业　　　　　F. 服装设计师

　　G. 进入演艺圈　　　　H. 作家　　　　　　　　I. 其他（请具体说明）

9. 你会选择下列哪些方法让自己的学习与工作更有趣：

　　A. 取得工作成果　　　B. 升职加薪　　C. 与漂亮可爱的同事共事

　　D. 遇到自己满意的领导　　　　　　　　E. 与同事和谐相处

　　F. 把自己打扮成帅哥 / 美女　　　　　　G. 与同事分享美食 / 购物 / 旅行的经验

　　H. 把自己的工作环境收拾整齐　　　　　I. 其他（请具体说明）

第 八 章

1. 生活、学习与工作中，你有做计划的习惯吗？

　　A. 从不做　　　　　B. 重大事情会做　　　C. 受人指令而做计划

　　D. 经常做计划　　　E. 计划没有变化快，做不做无所谓

　　F. 其他（请具体说明）

2. 最近比较忙，又有社团活动，又要考证，为了有效利用时间，你想编制学习计划的指数是：

　　A. 0　　　　　B. 50　　　　　C. 80　　　　　D. 90　　　　　E. 100

3. 周末到了，最近事情很多，想好好休息放松一下，你想编制周末活动计划的指数是：

　　A. 0　　　　　B. 50　　　　　C. 80　　　　　D. 90　　　　　E. 100

4. 放暑假了，刚好父母也有假，父母想一家人出去旅游，想请你做好旅游计划，那么，你会考虑哪些内容呢？

　　A. 旅游地　　　B. 日期　　　C. 酒店　　　D. 交通工具

E. 饮食　　　　F. 天气　　　　G. 经费预算　　H. 随身携带物品清单

I. 饮料　　　　J. IPAD　　　　K. 外币　　　　L. 护照

M. 其他（请具体说明）

5. 给你 30 秒钟，你能做哪些事情？

　　A. 整理书桌　　B. 倒垃圾队　　C. 清理电脑桌面　　　D. 写个备忘录

　　E. 拍张照片　　F. 发条微信　　G. 其他（请具体说明）

6. 老师布置课余作业，约定一个星期后提交，你会：

　　A. 当天就完成　　　　　　B. 今天忙，明天做　　C. 后天找空余时间做

　　D. 还有 2 天，男 / 女朋友要过生日，周末再找时间做

　　E. 还有一个星期，等有空了做　　　　　　　　　F. 其他（请具体说明）

7. 请按照紧急和重要程度安排下列事情的顺序：

　　A. 浴缸里的水满出来了　　B. 想去厕所　　　　　　C. 电话响了

　　D. 小孩子哭了　　　　　　E. 门铃响了

8. 父母生日快到了，我想给父母好好过一个有意义的生日，我的计划是：

序号	日期时间	地点	行动	费用	说明
1	2016 年 10 月 20 日上午 8:00	春满园	陪父母喝早茶	300	点爸妈喜欢吃的点心
2					
3					
4					
5					
6					
7					
8					
9					
10					

第 九 章

1. 一个团队里，人分为五种，你属于：

　　A. 人渣　　　B. 人员　　　C. 人手　　　D. 人才　　　E. 人物

人员斤斤计较，人手需要引导，人才关注当下，人物放眼未来！发展要靠人才，做大要靠人物！

2. 你是一个五人团队的成员，你发现成员之间工作量不均，你的活太多，而且有难度，你会怎么处理？

　　A. 主动做事，不计较　　　　　B. 跟团队负责人沟通，重新分配工作

C. 敷衍了事　　　　　　　　D. 跟其他成员协商，取得帮助

E. 跟团队负责人谈条件　　　F. 退出团队

G. 其他（请具体说明）

3. 你参加了一个项目团队，你和另外一个成员同时面临升职加薪的机会，而当前项目的业绩只能确保一个人得到这个宝贵的机会，那么，你会怎么办？

A. 你把这个机会让给对方　　　B. 你想让对方把机会让给你

C. 跟项目负责人搞好关系，争取这个机会给你

D. 放下机会之争，把心思放在工作上　E. 鼓动其他成员帮助你取得这个机会

F. 与竞争成员协商取得机会　　　G. 觉得自己机会不大，工作敷衍了事

H. 其他（请具体说明）

4. 你在一个团队中，能力明显不如其他成员，你如何在团队中生存？

A. 能混一天是一天

B. 主动做一些其他成员不愿做的服务型工作

C. 主动离开团队

D. 积极主动学习，认真做好自己份内工作

E. 调度各方面关系和资源，完成自己所担负的工作

F. 即使其他成员埋怨自己工作不好，自己也不生气

G. 工作中遇到委屈，跟其他成员干仗　H. 其他（请具体说明）

5. 你最愿意加入下面哪个团队？

A. 成员之间关系融洽的团队　　　B. 团队负责人很牛的团队

C. 经济效益比较好的团队　　　　D. 凝聚力比较强的团队

E. 竞争比较激烈的团队　　　　　F. 创新能力强的团队

G. 其他（请具体说明）

6. 你加入了一个项目团队，你能做到以下哪些方面？

A. 自觉服从团队负责人的指挥　　B. 愿意吃亏

C. 努力工作，不拖团队后退　　　D. 主动承担额外的服务性工作

E. 不与同事为私事发生矛盾　　　F. 自觉遵守团队章程

G. 不钻牛角尖　　　　　　　　　H. 照顾能力比自己差的队友

I. 其他（请具体说明）

7. 你住在一个四人间宿舍，没人主动打扫宿舍，你会怎么办？

第 十 章

1. 一件衣服，有以下推销方式，最能打动你购买意向的方式是：

    A. 价格   B. 时尚   C. 明星也穿这件衣服

    D. 这件衣服是所有新品中卖的最好的 E. 是名牌   F. 其他（请具体说明）

2. 媒体报道有人在手机充电时打电话或玩手机，因发生爆炸事故而受伤甚至失去生命，你不会犯同样错误的指数是：

    A. 0   B. 50   C. 80   D. 90   E. 100

3. 朋友微信圈转发一则消息，小龙虾生长环境恶劣，头部集聚大量重金属，你以后还会吃小龙虾的指数是：

    A. 0   B. 50   C. 80   D. 90   E. 100

4. 听说我们学院的学生在达内培训后，全部都找到了薪水不错的工作，你会选择参加达内培训的指数是：

    A. 0   B. 50   C. 80   D. 90   E. 100

5. 你周围的人大部分都用的是 iPhone 手机，那么，你也会买这款手机的指数是：

    A. 0   B. 50   C. 80   D. 90   E. 100

6. 你的好哥（姐）们最近有些变化，不再喜欢玩游戏，开始认真学习了，你会向他 / 她学习的意愿指数是：

    A. 0   B. 50   C. 80   D. 90   E. 100

7. 实训室禁止饮食，当你发现有同学在实训室吃东西后，你也会跟他一样做的指数是：

    A. 0   B. 50   C. 80   D. 90   E. 100

8. 你听歌选择的依据是：

    A. 音乐排行榜   B. 自己喜欢的歌手   C. 紧跟周围的人

    D. 某个特定国家或地区的歌   E. 其他（请写出来）

9. 当你发现班上有好多同学以抄袭的方式完成老师布置的课余作业，那么你会采取同样方式的意愿指数是：

    A. 0   B. 50   C. 80   D. 90   E. 100

10. 你周围有不少同学都加入了义工组织，那么，你也会参加义工的意愿指数是：

    A. 0   B. 50   C. 80   D. 90   E. 100

11. 想想三件你紧跟周围人的事情。

第 十 一 章

1. 记录自己曾经放弃的三件事情及结果。

2. 独立做 11.4 节的测试题，进行偏执性格测试。

第 十 二 章

1. 你一周锻炼几次？

    A. 0   B. 1 次   C. 2 次   D. 3 次

    E. 每天都锻炼   F. 其他（请具体说明）

2. 当你亲近的人由于生病，脾气有了很大改变，甚至跟你发脾气，你的反应：

    A. 不理解   B. 厌烦   C. 理解并忍让 D. 积极参与治疗

    E. 通过多种方式予以关心   F. 其他（请具体说明）

3. 长时间沉溺于玩游戏，会对身体不好，会得"鼠标手"，你还会继续这种方式的意愿指数是：

    A. 0   B. 50   C. 80   D. 90   E. 100

4. 一个手机控常常也是低头族的一员，日后犯颈椎病的几率非常高，那么，你还想加入这个"组织"的意愿指数是：

    A. 0   B. 50   C. 80   D. 90   E. 100

5. 当你偶然得知某个同学有心理疾病，你会怎么与这个同学相处？

    A. 与以往一样   B. 恐惧打交道   C. 本能选择远离他

    D. 用合适的方式关心他   E. 提供适当的帮助   F. 其他（请具体说明）

6. 熬夜是一种非常不好的生活习惯，会严重影响身体健康，会极大破坏我们的自控力，那么，你还会熬夜的意愿指数是：

    A. 0   B. 50   C. 80   D. 90   E. 100

7. 十种排在前列的人类致死因素中，有六种与饮食相关，那么，你会从此关注日常生活饮食的意愿指数是：

    A. 0   B. 50   C. 80   D. 90   E. 100

8. 假设你发现自己最近睡眠质量差，你会怎么处理？

    A. 不理会   B. 主动找医生   C. 会跟自己亲近的人说

    D. 接受药物治疗   E. 接受大夫提出的改善睡眠的方式方法

    F. 其他（请写出来）

9. 上班后，你会发现老板要让你经常加班，甚至通宵加班，你会怎么办？

    A. 拒绝   B. 根据情况接受   C. 完全接受

    D. 接受偶尔通宵加班 E. 根据加班费的多少决定   F. 坚决不加班

    G. 其他（请写出来）

10. 你喝酒的频度是：

    A. 0   B. 每天都喝   C. 一周一次   D. 一月一次

    E. 偶尔   F. 其他（请写出来）

第 十 三 章

1. 你认为哪些因素增强你的幸福感？

    A. 健康状况   B. 物质生活水平   C. 精神生活水平

    D. 受教育的程度   E. 社会和谐度   F. 国际地位

    G. 其他（请具体说明）

2. 你有可能会做下面哪些事情：

    A. 花 200 块钱的车费去找不小心丢失的 100 块钱

    B. 被人骂了一句话，却花了好长时间难过

    C. 为一件事情发火，不惜损人不利己

    D. 失去一个人的感情，明知一切已无法挽回，却还伤心好久

    E. 为了吃一口，路上来回花费了两个小时

3. 你开辆宝马车去约会，路上很堵，迟到了快半个小时，对方对你的迟到很不满意，你的幸福指数是：

    A. 0   B. 30   C. 50   D. 70   E. 100

4. 有人告诉你，成功反而使人不开心，那么，你还会继续努力，追求成功的意愿指数是：

    A. 0   B. 50   C. 80   D. 90   E. 100

5. 你牺牲了很多休息时间，失去了多次赚钱的机会，失去了与恋人浪漫的机会，实现了自己拿学校一等奖学金的目标，你的幸福指数是：

    A. 0   B. 50   C. 80   D. 90   E. 100

6. 今天是你第一次与恋人约会，为此，你花费了一个星期的时间准备，花了 600 元打扮自己，今天约会还准备花费 500 元，拒绝了朋友一起玩游戏的邀请，那么，你约会的幸福指数是：

    A. 0   B. 50   C. 80   D. 90   E. 100

7．刚上班，你工作很辛苦，经常加班，薪水刚够吃饭，但人际关系融洽，能学到点具有就业竞争优势的能力，那么，你的幸福指数是：

A．0　　　　　B．50　　　　　C．80　　　　　D．90　　　　　E．100

8．你对幸福的期许是：

A．可以与心爱的人浪漫牵手　　　　B．孝敬父母使他们可以安享晚年

C．有一份体面而高薪的工作　　　　D．可以快乐而富足的生活

E．儿女双全　　　　　　　　　　　F．其他（请写出来）

9．虽然你勤奋学习，但还是没有拿到奖学金，你能从这个事情过程中，想到哪些正面积极的信息？（请写出来）

参 考 文 献

[1] 凯利 麦格尼格尔. 自控力 [M]. 王岑卉，译. 北京：文化发展出版社，2012.

[2] 刘洋. 哈佛公开课 [M]. 北京：海潮出版社，2014.

[3] 白雯婷. 斯坦福大学最受欢迎的公开课：自控力 [M]. 北京：化学工业出版社，2015.

[4] 戴尔 卡耐基. 卡耐基教你情绪掌控术 [M]. 白君，译. 北京：华夏出版社，2013.

[5] Neil R Carlson. 生理心理学：走进行为神经科学的世界 [M]. 苏彦捷，译. 北京：中国
轻工业出版社，2016.

[6] Tal Ben-Shahar. 幸福的方法 [M]. 汪冰，刘骏杰，译. 北京：当代中国出版社，2009.

[7] 凯利 麦格尼格尔. 自控力 2 瑜伽实操篇 [M]. 王岑卉，译. 北京：文化发展出版社，
2013.

[8] 周苏，王硕平. 创新思维与方法 [M]. 北京：中国铁道出版社，2016.